AutoUni – Schriftenreihe

Band 129

Reihe herausgegeben von/Edited by
Volkswagen Aktiengesellschaft
AutoUni

Die Volkswagen AutoUni bietet Wissenschaftlern und Promovierenden des Volkswagen Konzerns die Möglichkeit, ihre Forschungsergebnisse in Form von Monographien und Dissertationen im Rahmen der „AutoUni Schriftenreihe" kostenfrei zu veröffentlichen. Die AutoUni ist eine international tätige wissenschaftliche Einrichtung des Konzerns, die durch Forschung und Lehre aktuelles mobilitätsbezogenes Wissen auf Hochschulniveau erzeugt und vermittelt.

Die neun Institute der AutoUni decken das Fachwissen der unterschiedlichen Geschäftsbereiche ab, welches für den Erfolg des Volkswagen Konzerns unabdingbar ist. Im Fokus steht dabei die Schaffung und Verankerung von neuem Wissen und die Förderung des Wissensaustausches. Zusätzlich zu der fachlichen Weiterbildung und Vertiefung von Kompetenzen der Konzernangehörigen fördert und unterstützt die AutoUni als Partner die Doktorandinnen und Doktoranden von Volkswagen auf ihrem Weg zu einer erfolgreichen Promotion durch vielfältige Angebote – die Veröffentlichung der Dissertationen ist eines davon. Über die Veröffentlichung in der AutoUni Schriftenreihe werden die Resultate nicht nur für alle Konzernangehörigen, sondern auch für die Öffentlichkeit zugänglich.

The Volkswagen AutoUni offers scientists and PhD students of the Volkswagen Group the opportunity to publish their scientific results as monographs or doctor's theses within the "AutoUni Schriftenreihe" free of cost. The AutoUni is an international scientific educational institution of the Volkswagen Group Academy, which produces and disseminates current mobility-related knowledge through its research and tailor-made further education courses. The AutoUni's nine institutes cover the expertise of the different business units, which is indispensable for the success of the Volkswagen Group. The focus lies on the creation, anchorage and transfer of knew knowledge.

In addition to the professional expert training and the development of specialized skills and knowledge of the Volkswagen Group members, the AutoUni supports and accompanies the PhD students on their way to successful graduation through a variety of offerings. The publication of the doctor's theses is one of such offers. The publication within the AutoUni Schriftenreihe makes the results accessible to all Volkswagen Group members as well as to the public.

Reihe herausgegeben von/Edited by
Volkswagen Aktiengesellschaft
AutoUni
Brieffach 1231
D-38436 Wolfsburg
http://www.autouni.de

Weitere Bände in der Reihe http://www.springer.com/series/15136

Ulrich Feldinger

Hybride Modellnutzung in der automotiven Formfindung

Ein Beitrag zur interdisziplinären Zusammenarbeit im Designprozess

 Springer

Ulrich Feldinger
Wolfsburg, Deutschland

Zugl.: Dissertation, Technische Universität Carolo-Wilhelmina zu Braunschweig, 2018

Die Ergebnisse, Meinungen und Schlüsse der im Rahmen der AutoUni – Schriftenreihe
veröffentlichten Doktorarbeiten sind allein die der Doktorandinnen und Doktoranden.

AutoUni – Schriftenreihe
ISBN 978-3-658-23451-5   ISBN 978-3-658-23452-2   (eBook)
https://doi.org/10.1007/978-3-658-23452-2

Die Deutsche Nationalbibliothek verzeichnet diese Publikation in der Deutschen National-
bibliografie; detaillierte bibliografische Daten sind im Internet über http://dnb.d-nb.de abrufbar.

Springer ist ein Imprint der eingetragenen Gesellschaft Springer Fachmedien Wiesbaden GmbH
und ist ein Teil von Springer Nature
Die Anschrift der Gesellschaft ist: Abraham-Lincoln-Str. 46, 65189 Wiesbaden, Germany

Hybride Modellnutzung in der automotiven Formfindung

Von der Fakultät für Maschinenbau

der Technischen Universität Carolo-Wilhelmina zu Braunschweig

zur Erlangung der Würde

eines Doktor-Ingenieurs (Dr.-Ing.)

genehmigte Dissertation

von:	Ulrich Feldinger
geboren in:	Frankfurt a. M.

eingereicht am:	06.03.2018
mündliche Prüfung am:	22.06.2018

Vorsitz:	Prof. Dr.-Ing. Christoph Herrmann
Gutachter:	Prof. Dr.-Ing. Thomas Vietor
	Prof. Dr.-Ing. Rainer Stark

2018

Einfachheit ist die höchste Form der Raffinesse.

LEONARDO DA VINCI

.

Inhaltsverzeichnis

Abbildungsverzeichnis

Tabellenverzeichnis

Nomenklatur

Abkürzungen	Fachbegriffe	Bedeutung
2D	zweidimensional
3D	dreidimensional
Abb.	Abbildung
Abk.	Abkürzung
Abstraktion	„Bei einer Abstraktion werden aus einer bestimmten Sicht die wesentlichen Merkmale einer Einheit (beispielsweise eines Gegenstandes oder Begriffs) ausgesondert. Abhängig von der Sicht können ganz unterschiedliche Merkmale abstrahiert werden." [Alt09, S. 19]
AR	Augmented Reality (engl.) dt.: erweiterte Realität
back end	Fahrzeugtechnisch: Hinterwagen Informatik: Datenbankschicht, in welcher die Daten gespeichert sind.
bzw.	beziehungsweise
ca.	Circa (lat.) dt.: in etwa
CAD	Computer Aided Engineering (engl.) dt.: Rechnerunterstütze Gestaltung
CAE	Computer Aided Engineering (engl.) dt.: Rechnerunterstützte Entwicklung
CAM	Computer Aided Manufacturing (engl.) dt.: Rechnerunterstützte Fertigung
CAS	Computer Aided Styling (engl.) dt.: Rechnerunterstützte Freiformflächenmodellierung, siehe auch NURBs
CATIA	CAD System der Firma Dassault mit Verbreitung in der Automobilindustrie
CAVA	CATIA V5 Automotive Extensions Vehicle Architecture Eine standardisierte Applikation zur Integration von Vorgaben und Vorschriften in den Konstruktionsprozess
CAx	Computer Aided x (engl.) dt.: Platzhalter für eine oder mehrere rechnergestützte Methoden
Clay	Ton (engl.) Im Modellbau: Ein Werkstoff, der zur Formfindung am stofflichen Modell genutzt wird.
CNC	Computerized Numerical Control (engl.) dt.: Rechnergestützte Numerische Steuerung
COP	Carry Over Part (engl.) dt.: Übernahmebauteil aus einem anderen Fahrzeug
DA	Design Auswahl
DE	Design Entscheid
DIN	Deutsches Institut für Normung (Norm)

DF	Design Freeze
DMU	Digital Mock-Up (engl.) dt.: digitales Versuchsmodell
DV	Design Verabschiedung
end of pipe design	Am Röhrenende (engl.) dt.: Hinzuziehen des Designs am Schluss der Produktentwicklung zur kosmetischen Optimierung [Kor97, S. 8]
et al.	Et alii (lat.) dt.: und andere
FOV	Field of view (engl.) dt.: Sichtfeld
FPS	Frames per second (engl.) dt.: Bildwiederholrate
front end	Fahrzeugtechnisch: Vorderwagen Informatik: Präsentationschicht für die Nutzerinteraktion, siehe auch: GUI
GUI	Graphical user interface (engl.) dt.: grafische Nutzerschnittstelle
ISO	International Organization for Standardization (Norm)
Hardpoint	Zwingend einzuhaltender Begrenzungspunkt des Fahrzeugpackages [Fut13, S. 159]
Homologation	Aus dem Altgriechischen: „übereinstimmen" – hier: die Zulassung von Fahrzeugen und Fahrzeugteilen durch eine offizielle Stelle
KBE	Knowledge based engineering (engl.) dt.: wissensbasierte Konstruktion
middle tier	Die Logikschicht innerhalb einer Datenbankanwendung, welche die Geschäftsprozesse durch Algorithmen steuert. [Ste17]
Modell	Ein Modell ist eine abstrakte Beschreibung der Realität. [Alt09, S. 20]
MR	Mixed Reality (engl.) dt.: vermischte Realität
NURBs	Abk.: Non Uniform Rational B-Spline
OEM	Original Equipment Manufacturer (engl.) dt.: Hersteller des Originalerzeugnisses – im Zusammenhang dieser Arbeit: Automobilhersteller
PEP	Produktentstehungsprozess
Plastilin	siehe Clay
RP	Rapid Prototyping (engl.) dt.: Schnelle Prototypenfertigung
SBBR	Abkürzung für Schluss-, Brems-, Blink- und Rückleuchte
Strak	Begriff aus dem Schiffbau. Mathematische Beschreibung von Designflächen. [Bra13b, S. 1147]
TOTE	Test-Operate-Test-Exit
UI	Userinterface (engl.) dt.: Nutzerschnittstelle
VBA	Visual Basic for Applications Eine Programmiersprache mit Fokus auf der Applikationsautomatisierung

| VR | Virtual Reality (engl.) dt.: virtuelle Realität |
| z. B. | zum Beispiel |

Einheiten	Bedeutung
g	Gramm
kg	Kilogramm
km	Kilometer
s	Sekunde

Formelzeichen	Definition
Δ	Delta
ΔP_j	Regeldifferenz zwischen Soll- und Ist-Eigenschaften
$\Delta P_{DesOberfl.}$	Regeldifferenz der geforderten Eigenschaften an die formale Gestaltung der Designoberflächen
$\Delta P_{FzgGestalt}$	Regeldifferenz der geforderten Eigenschaften an die Gesamtheit der Fahrzeuggestalt
$\Delta P_{Technik}$	Regeldifferenz der geforderten technischen Eigenschaften an die Designoberflächen
$\Delta P_{T/D-Konv}$	Regeldifferenz der Konvergenz zwischen Designoberflächen und technischem Fahrzeugmodell
C_i	Merkmale (Characteristics)
$C_{FzgGestalt}$	Merkmale der Fahrzeuggestalt
$C_{DesOberfl}$	Merkmale der Designoberflächen des Fahrzeuges
$C_{Technik}$	Merkmale des technischen Modells des Fahrzeuges
$\Sigma C_{DesOberfl./Technik}$	Summe der Merkmale der Designoberflächen und des technischen Fahrzeugmodells
EC_j	Äußere Rahmenbedingungen (External Conditions)
$EC_{DesOberfl.}$	Äußere Rahmenbedingungen und Störeinflüsse bei Analyse und Synthese der Designoberflächen
$EC_{FzgGestalt}$	Äußere Rahmenbedingungen und Störeinflüsse bei Analyse und Synthese der Fahrzeuggestalt
$EC_{Technik}$	Äußere Rahmenbedingungen und Störeinflüsse bei Analyse und Synthese des technischen Fahrzeugmodells
D_x	Abhängigkeiten (Dependencies, „Constraints") zwischen Merkmalen
$D_{Des/Tech}$	Relationsmodell und Abhängigkeiten zwischen Designbereichen und technischen Anforderungen
$Eval_{DesOberfl.}$	Regler in Form der formalen Evaluation der Designoberflächen
$Eval_{T/D-Kov}$	Regler in Form der Evaluation des Konvergenzstatus zwischen Designoberflächen und technischem Fahrzeugmodell
$Eval_{Technik}$	Regler in Form der Evaluation des technischen Fahrzeugmodells

$\text{Eval}_{\text{Vorab-Konv.}}$	Vorabkonvergenzevaluation des technischen Fahrzeugmodells und der Designoberflächen
$gK(t)$	Geforderte Konvergenz zwischen Design und Technik zum Prozesszeitpunkt t
P_j	Eigenschaften (Properties)
$P_{\text{DesOberfl.}}$	Eigenschaften der Designoberflächen
$P_{\text{FzgGestalt}}$	Eigenschaften der Fahrzeuggestalt
P_{Technik}	Eigenschaften des technischen Fahrzeugmodells
PR_j	Geforderte Eigenschaften (Required Properties)
$PR_{\text{DesOberfl.}}$	Geforderte formale Eigenschaften der Designoberflächen
$PR_{\text{FzgGestal}}$	Geforderte Eigenschaften der Gesamtheit der Fahrzeuggestalt
PR_{Technik}	Geforderte technische Eigenschaften des Fahrzeuges
$PR_{\text{T/D-Konv.}}$	Maximal tolerierte Abweichung zwischen den Designoberflächen und dem technischen Fahrzeugmodell (zeitlich abhängige Konvergenzeigenschaften)
R_j, R_j^{-1}	Beziehungen (Relations) zwischen Merkmalen und Eigenschaften
$R_{\text{DesOberfl.}}$	Messglied zur Bestimmung der formalen Eigenschaften der Merkmale der Designoberflächen
$R_{\text{DesOberfl.}}^{-1}$	Synthesemethoden zum Erzeugen der Merkmale der Designoberflächen
$R_{\text{FzgGestalt}}$	Messglied zur Bestimmung der Eigenschaften der Merkmale der Fahrzeuggestalt
$R_{\text{FzgGestalt}}^{-1}$	Synthesemethoden zum Erzeugen der Fahrzeuggestalt
R_{Technik}	Messglied zur Bestimmung der Eigenschaften der Merkmale des technischen Fahrzeugmodells
R_{Technik}^{-1}	Synthesemethoden zum Erzeugen der Merkmale des technischen Fahrzeugmodells
t	Zeit, Zeitpunkt

Inhaltsangabe

Heutige Automobile müssen eine Vielzahl funktionaler Anforderungen in sich vereinen. Der emotionale Eindruck, den das jeweilige Automobil bei seinem Betrachter hervorruft, ist für den kommerziellen Erfolg jedoch ebenso wichtig wie die Motorleistung oder das Einhalten von Lärmschutzvorschriften. Auch befindet sich die Automobilindustrie in der ständigen Fortentwicklung. Unter dem Vorzeichen der Digitalisierung werden manuelle Prozesse der Fahrzeugentwicklung, sofern sinnvoll, durch effizientere, digitale Prozesse ersetzt.

Die Kontraste *funktional* und *emotional* sowie *manuell* und *digital* treten beim Designprozess zu Tage. Neben der Nutzung von stofflichen und nicht-stofflichen Modellen ist die Integration der skulpturalen Gestalt und der technischen Randbedingungen eine Herausforderung. Prozessseitig wird dies durch Medienbrüche zwischen stofflichen und nicht-stofflichen Modellen und einer nicht optimalen Anforderungsvisualisierung an Designoberflächen weiter erschwert. Das übergeordnete Ziel der Dissertation ist daher, eine Visualisierung von technischen Anforderungen an Designoberflächen zu entwickeln, welche den heutigen Ansprüchen an Designgüte und Prozessdynamik gerecht wird. Ebenso soll die Kluft zwischen stofflichen und nicht-stofflichen Designmodellen überbrückt werden.

Als Ansatz dient die Transformation technischer Anforderungen mit Einfluss auf das Fahrzeugdesign. Diese sollen in ihrer Darstellung auf das Abstraktionsniveau von Designmodellen normalisiert werden, welche Oberflächenmodelle sind. In diesem Zuge werden zunächst relevante Anforderungen ermittelt und in ein Beziehungsmodell gesetzt. Darauf folgend wird eine entwickelte Methodik angewendet, um die Anforderungskollektive in CAD-lesbare Parameter zu wandeln und mit Hilfe von geometrischen Vorlagen innerhalb eines CAD-Systems zu visualisieren. Der Ansatz erlaubt den direkten Vergleich nicht-stofflicher Designoberflächen mit den entwickelten Anforderungsvisualisierungen. Somit ist eine intuitive Bewertung der Konvergenz zwischen den technischen Anforderungen und dem Designmodell möglich. Automatisierte Prüfungen der Designoberflächen unterstützen dies. Der umgesetzte Knowledge-Based-Engineering-Ansatz leistet einen Beitrag zur zielgerichteten Formfindung, indem er durch Augmented Reality auch bei stofflichen Designmodellen anwendbar ist.

Abstract

Passenger cars are highly complex products which must incorporate many functional features. However, the emotional impression a car imprints on a potential buyer is as equally important for its commercial success as fulfilling functional requirements. The automotive industry is characterized by constant progression. It is undergoing a transition which is heavily influenced by the digitalisation. If reasonable, manual processes are being replaced by more efficient, digital ones.

The styling process of a vehicle is characterised by the contrasts *functional and emotional*, as well as *manual* and *digital*. Apart from the parallel use of digital and physical models, converging the sculptural form and technical requirements remains a huge challenge. Media gaps between digital and physical models and suboptimal visualisation of requirements towards the styling surfaces further impede this process. The superordinate goal of this thesis is to devise a methodology to visualise technical requirements towards the styling surfaces. The methodology must satisfy the needs regarding styling quality and process dynamic of today's styling process. Moreover, the methodology also helps to bridge the media gap between physical and digital styling models.

The approach is based on the transformation of technical requirements with direct influence on the styling of a vehicle. The requirements are normalised in terms of their visualisation. The aim is an equivalent level of abstraction of the visualisation of the requirements and the styling models, which are surfaces models. In this regard, relevant requirements are identified and linked using a relational model. Next, the devised methodology is applied to transform collective requirements into CAD readable parameters. These parameters enable to visualise requirements using geometrical templates inside a CAD system. Thereby, the approach allows to directly compare the digital styling surfaces with technical requirements. Consequently, an intuitive evaluation of the level of convergence between the styling model and the technical requirements is possible. This is further supported by automatic tests of the styling surface. The devised knowledge-based engineering approach can also be applied to physical styling models by using augmented reality. Hence, it contributes towards the target-oriented process of form-finding.

1 Ausgangssituation

Moderne Automobile sind hochkomplexe Produkte, welche eine Vielzahl funktionaler Anforderungen erfüllen müssen. Für den Markterfolg ist der emotionale Eindruck des Fahrzeuges jedoch ebenso wichtig wie das Erfüllen funktionaler Anforderungen und erzielter Fahrleistungen [Kal15; Rad09]. Bis zu 80% aller Fahrzeuge werden über *Design* verkauft, wobei dieser Faktor tendenziell mit dem Produktpreis ansteigt [Max02; Ree05a]. Um einen positiven emotionalen Eindruck beim Kunden zu erreichen, wird ein großer Aufwand für den Designprozess eines Fahrzeugs betrieben [Sta16]. In diesem Zusammenhang wird die Gestaltung eines Fahrzeuges mit dem Lösen eines sehr großen Gleichungssystems verglichen [Cla92]. Als ein Beispiel könnten die Designer danach streben, die Motorhaube aus ästhetischen Gründen abzusenken. Demgegenüber könnte von Seiten der Abteilung für Fahrzeugsicherheit aus Gründen des Fußgängerschutzes ein Anheben der Motorhaube gefordert werden. Dies hätte wiederum einen negativen Einfluss auf den Luftwiderstand. Ein solches Beispiel ist charakteristisch für gegenläufige Zielkonflikte innerhalb der interdisziplinären Fahrzeugentwicklung.

Das Finden einer gesamtheitlichen Lösung dieser Zielkonflikte für ein Produkt mit dem Komplexitätsgrad eines Automobils ist sehr aufwändig [Röm02]. Dies bedingt Investitionskosten im Milliardenbereich, sofern ein Fahrzeug von Grund auf neu entwickelt wird [Aus12]. Hinsichtlich der Wichtigkeit des Designs für den Markterfolg rechtfertigt nicht nur das Investitionsvolumen den Aufwand, ein für den Kunden ansprechendes Fahrzeugdesign zu erschaffen [Esc13; Mei16]: Das Know-how wichtiger Schlüsseltechnologien liegt zunehmend nicht mehr allein bei den Markenherstellern, sondern auch bei den Entwicklungslieferanten. Aus diesem Grunde gewinnt das Design für die Differenzierung weiter an Bedeutung [Fut13; Göt07].

1.1 Motivation

Angesichts des Wettbewerbsdrucks und der stetig wachsenden Anforderungen in der Fahrzeugentwicklung müssen die Fahrzeughersteller ihre Prozesse, Werkzeuge und Methoden laufend überarbeiten und sich den ändernden Randbedingungen anpassen. Diese Situation macht auch vor dem Designprozess nicht halt.

© Springer Fachmedien Wiesbaden GmbH, ein Teil von Springer Nature 2018
U. Feldinger, *Hybride Modellnutzung in der automotiven Formfindung*,
AutoUni – Schriftenreihe 129, https://doi.org/10.1007/978-3-658-23452-2_1

Aus der industriellen Praxis ergibt sich die Problemstellung, dass die Kommunikation zwischen den Prozesspartnern *Designer* und *Ingenieur* verbesserungswürdig ist [Ges01]. Neben unterschiedlichen Arbeits- und Denkweisen spielen hierbei auch prozessbedingte Inkompatibilitäten hinsichtlich der verwendeten Entwicklungsmodelle und deren Schnittstellen eine Rolle [Gud11; Rot05; Bei10b; Sch07]. Diese Defizite führen zu zusätzlichen Iterationsschleifen bei der geometrischen Abstimmung zwischen dem Technikmodell der Ingenieure und den von den Designern gestalteten Fahrzeugoberflächen. Jene Iterationen sind zeit- und somit, im strikt getakteten Fahrzeugentwicklungsprozess, sehr kostenintensiv. Deshalb werden methodische Verbesserungen im Bereich der Zusammenarbeit mit rechnergestützten Methoden angestrebt [Bei09].

Um dieser Problemstellung zu begegnen, müssen die relevanten Ansatzpunkte im Designprozess an der Schnittstelle zur Technik betrachtet werden. Prinzipiell teilt sich der Aufwand der Oberflächengestaltung eines Automobils – die Hauptaufgabe des Designs – in zwei Bereiche auf: Die eigentliche Formfindung sowie die Abstimmung mit der technischen Entwicklung zur Umsetzung des Designentwurfs als reales Produkt [Kur07]. Diese beiden Bereiche laufen nicht nacheinander, sondern gleichzeitig ab und müssen somit als Einheit betrachtet werden [Hac05].

Die Formfindung ist dabei ein hoch intuitiver Kreativprozess des Designers [Mis92; Luc14]. Dieser durchaus zeitintensive Prozess ist essenziell, nicht nur für die Weiterentwicklung der Gestalt des Automobils, sondern auch als treibende Kraft in der technischen Entwicklung. Während des Findens der skulpturalen Gestalt müssen ebenso eine Vielzahl technischer und wirtschaftlicher Randbedingungen durch den Designer berücksichtigt werden [Bra07b]. Neben der gestiegenen Anzahl der Abstimmparameter als Resultat von technisch komplexen Fahrzeugen steigt auch die Bedeutung der Abhängigkeit der Abstimmungsparameter untereinander [Ges01]. Bürdek fasst diesen Zusammenhang damit zusammen, dass Entwurfsprobleme zu komplex geworden sind, um sie intuitiv zu behandeln und die Zahl der nötigen Informationen zur Lösung eines Entwurfsproblems stark gestiegen sind. Ebenso ändern sich die Entwurfsprobleme, wobei „[...] *seltener auf lange verbürgte Erfahrungen zurückgegriffen werden könne.*" [Brü15, S. 108]. Dieser Zusammenhang ist insbesondere unter dem Wandel hin zu Elektrofahrzeugen interessant, als dass intuitive Abstimmparametervisualisierungen innerhalb der Designarbeitsmodelle nötig erscheinen.

Die Tatsache, dass die Formfindung auch zu Anfang des 21. Jahrhunderts noch zu einem großen Teil in der stofflichen Realität und nicht nur mit computergestützten Werkzeugen stattfindet, ist eine Herausforderung. Die stofflichen 3D-Arbeitsmodelle im Fahrzeugdesign bergen erhebliche Vorteile im Hinblick auf

Kreativitätsförderung und Intuitivität, weshalb ein generelles Ersetzen dieser nach heutigem Stand der Wissenschaft nicht sinnvoll erscheint [Kur07; Bei10a]. Stattdessen müssen Ansätze erarbeitet werden, die sich in Datenschnittstelle und Modellierungswerkzeug den Bedürfnissen des Nutzers anpassen – und nicht umgekehrt [Bei13].

Aufgrund dieser Tatsachen muss das Fahrzeugdesign eines jeden Volumenherstellers zwei Fragestellungen beantworten, um die Fülle der Fahrzeugprojekte in der geforderten Designgüte realisieren zu können:

- Wie können die quantitativen technischen Anforderungen und qualitativen Anforderungen des Designs während der Formfindung eines Fahrzeugs effizienter aufeinander abgestimmt werden?

- Wie kann die Schnittstelle zwischen den stofflichen Designmodellen und den nicht-stofflichen Designmodellen im Rechner verbessert werden?

1.2 Zielsetzung und Abgrenzung

Anhand der vorangegangenen Ausführungen wurde die Bedeutung der effektiven Zusammenarbeit zwischen Design und Technik verdeutlicht. Ausgehend von der zunehmenden Virtualisierung der Gestaltungsprozesse, steigender Fahrzeugkomplexität und den sich schnell wandelnden Anforderungen an das Design, insbesondere wegen des Wandels hin zur Elektromobilität, resultiert der Bedarf an methodischer Unterstützung.

Als Ziel der Arbeit soll ein Modellkonzept entwickelt werden, dessen Kern die Erfassung, Aufbereitung und Bereitstellung von technischen Anforderungen während der Formfindung von Automobilen bildet. Dies soll einerseits als Entscheidungsgrundlage im Abstimmungsprozess zwischen Design und Technik dienen. Andererseits soll es aber auch als Brücke für den Medienbruch zwischen stofflichen und nicht-stofflichen Designmodellen fungieren.

Die zu entwickelnde Methode soll die Aufbereitung und Berücksichtigung von technischen Anforderungen während der Formfindung unterstützen, was durch eine intuitive Visualisierung der Anforderungen innerhalb des jeweiligen Designmodells möglich gemacht werden soll. Der direkte Vergleich zwischen dem Arbeitsstand der Designaußenhaut und den technischen Anforderungen soll die Iterationsschleifen zum Erreichen der geforderten Design-Technik-Konvergenz reduzieren. Dabei soll die Methodik bei stofflichen und nicht-stofflichen Designmodellen einsetzbar sein.

Der Fokus der Methodik liegt auf der Unterstützung des Kreativprozesses des Menschen bei der Formfindung. Das Ziel hierbei ist nicht eine Automatisierung der Formfindung durch Rechnereinsatz oder eine frühe Einschränkung des gestalterischen Freiheitsraumes durch ein Gerüst aus zwingend einzuhaltenden, technischen Parametern bei der Formfindung. Stattdessen soll der Gestalter durch ein effektives Werkzeug bei der Arbeit unterstützt werden, indem benötigte Informationen schnell und intuitiv bei der kreativen Arbeit verfügbar gemacht werden.

Das Erarbeiten des Ansatzes lässt sich, wie folgt, aufteilen:

- Erarbeiten einer intuitiven Anforderungsaufbereitung und -visualisierung

- Identifikation designrelevanter, technischer Anforderungen und Richtlinien

- Verknüpfung der Anforderungen mit Fahrzeugdesignbereichen

- Überführung von implizit und explizit formulierten Anforderungen unterschiedlicher Abstraktionsgrade in eine vereinheitlichte Parameterdatenbank

- Entwicklung eines CAD-gestützten Werkzeugs zur intuitiven Anforderungsvisulisierung in stofflichen und nicht-stofflichen Designmodellen

Hinsichtlich der Umsetzung liegt der Fokus auf der Entwicklung eines Methodenansatzes zur Visualisierung relevanter Informationen während des Formfindungsprozesses. Die zu entwickelnde Methode erhebt somit keinen Anspruch auf die Bewertung der formalen Gestalt eines Designentwurfs. Stattdessen liegt der Fokus auf einer Integration bewährter Arbeitsweisen im Design in rechnergestützte Entwicklungsumgebungen unter der Berücksichtigung der Unschärfe des Designprozesses.

In Bezug auf die Unschärfe des Designprozesses sei an dieser Stelle ebenso auf einen Zielkonflikt der Wissensmodellierung hingewiesen. So müssen der Umfang und die Tiefe des Wissens mit dessen Beherrschbarkeit abgewogen werden. Es ist nicht das Ziel dieser Ausarbeitung, die vollständigen, technischen Randbedingungen auf Gesamtfahrzeugebene zu betrachten. Stattdessen wird eine Wissenskomplexität angestrebt, die den Fokus auf besonders designrelevante Aspekte legt.

1.3 Aufbau der Arbeit

Um das vorgestellte Ziel dieser Arbeit zu erreichen, ist diese Ausarbeitung in einen *Analyse-* und einen *Syntheseteil* gegliedert, was Abbildung 1.1 verdeutlicht.

Analyse	Synthese
1 Ausgangssituation Motivation | Zielsetzung	**4 Konzeption eines Methodenansatzes** Grundprinzip | Umsetzungsschritte
2 Fahrzeugdesign und Produktenstehung Prozesse | interdisziplinäre Zusammenarbeit	**5 Anwendung des Methodenansatzes** Exemplarische Umsetzung | Praxisbeispiel
3 Ansätze und Handlungsbedarfe Stand der Forschung | Abschätzung	**6 Diskussion** Zusammenfassung | Ausblick

Abbildung 1.1: Vorgehensweise in dieser Arbeit

Anhand der bereits diskutierten *Ausgangssituation* mit ihrer Motivation und Zielsetzung wird in Kapitel 2 eine Einführung in die Abläufe der automotiven *Produktentstehung und des Fahrzeugdesigns* gegeben. Der erste Fokus liegt hierbei auf der Beschreibung und Einordnung vom Design- und Produktentstehungsprozess in den Gesamtprozess. Der zweite Fokus dieses Kapitels ist eine Einführung in das Spannungsfeld der interdisziplinären Zusammenarbeit und Abstimmung zwischen *Design* und *Technik*.

Aufbauend auf der Einführung in die industrielle Praxis werden in Kapitel 3 bestehende *Ansätze* betrachtet und *Handlungsbedarfe* abgeleitet. Zu diesem Zweck werden zunächst Ansätze aus dem *Stand der Forschung* betrachtet, welche besondere Relevanz für die in der Ausgangssituation geschilderte Problemstellung haben. Im weiteren Verlauf werden die Ansätze hinsichtlich ihrer Eignung für den Einsatz im Designprozess abgeschätzt. Dies geschieht anhand von Kriterien, welche von den charakterisierenden Eigenschaften des Designprozesses abgeleitet werden. Anhand der *Abschätzung* werden Handlungsbedarfe und eine Zielsetzung abgeleitet.

Die Arbeit geht im weiteren Verlauf in den Syntheseteil über, wobei in Kapitel 4 zunächst die *Konzeption eines Methodenansatzes* vorgenommen wird. Dies geschieht, indem zunächst das *Grundprinzip* des Ansatzes zur Harmonisierung von technischen und ästhetischen Soll-Eigenschaften erläutert wird. Im Anschluss werden die einzelnen *Umsetzungsschritte* des Ansatzes diskutiert.

In Kapitel 5 wird eine *Anwendung des Methodenansatzes* beschrieben. Dies geschieht anhand einer *exemplarischen Umsetzung* des entwickelten Methodenansatzes für ein charakteristisches Abstimmthema zwischen Design und Technik. Als Voraussetzung für die sukzessive Anwendung der Methodenschritte werden die technischen Hintergründe des *Praxisbeispiels* erläutert.

In Kapitel 6 wird im Zuge der *Diskussion* zunächst ein Rückblick auf den vorangegangenen Ausführungen in Bezug zur Motivation und Zielsetzung durchgeführt und die Ausführungen dieser Arbeit *zusammengefasst*. Abschließend wird ein *Ausblick* auf weitere Forschungsarbeiten gegeben.

2 Fahrzeugdesign und Produktentstehung

Das Fahrzeugdesign ist ein integraler Bestandteil der automotiven Produktentstehung. Daher muss das Design immer im Kontext mit seinen direkt oder indirekt verknüpften Prozesspartnern und Prozessschritten betrachtet werden. Aufgrund dessen werden an dieser Stelle die nötigen Zusammenhänge dargestellt, welche sowohl dem tieferen Verständnis der bereits in der Motivation dargelegten Problemstellung dienen als auch den folgenden Ausführungen dieser Ausarbeitung. Zunächst geschieht dies aus der Sicht auf die übergeordneten Prozessebenen. Darauf aufbauend werden die Herausforderungen an die Prozesstreue im Designprozess beschrieben. Abschließend wird auf die Modellmethodik im Design eingegangen.

2.1 Produktlebenszyklus, Produktentstehung, Designprozess

Im Folgenden wird eine gegenseitige Einordnung von Designprozess sowie dem automotiven Produktentstehungsprozess und dem allgemeinen Produktlebenszyklus vorgenommen. Diese Einordung dient als Basis für die anschließende Beschreibung der direkt mit dem Designprozess verknüpften und fachdisziplinübergreifenden Aktivitäten der automobilen Formfindung.

2.1.1 Einordung der Prozesse

Die Einordnung von Produktlebenszyklus, Produktentstehungsprozess und Design-/Formfindungsprozess ist in Abbildung 2.1 anhand der Ausführungen von ANDERL und TRIPPNER in [And00] und KURZ in [Kur07] dargestellt.

Abbildung 2.1: Einordnung des Produktlebenszyklus, Produktentstehungsprozess sowie des Design-/Formfindungsprozesses [Kur07, S. 111] (Nachdruck mit Genehmigung des Deutschen Wissenschaftsverlags)

© Springer Fachmedien Wiesbaden GmbH, ein Teil von Springer Nature 2018
U. Feldinger, *Hybride Modellnutzung in der automotiven Formfindung*,
AutoUni – Schriftenreihe 129, https://doi.org/10.1007/978-3-658-23452-2_2

Als *Produktlebenszyklus* wird der in Lebensphasen gegliederte Werdegang von Gebrauchsgütern bezeichnet. Der Lebenszyklus ist hierbei in sieben Phasen gegliedert. Der Produktlebenszyklus startet mit der *Produktplanung* und endet mit dem *Recycling* des Produktes. Zwischen dem Start und dem Ende werden sukzessive die Phasen *Entwicklung*, *Ablaufplanung*, *Fertigung*, *Vertrieb* und *Nutzung* durchlaufen. [Kur07]

2.1.2 Der Produktentstehungsprozess

Der Beginn des Lebenszyklus ist durch den *Produktentstehungsprozess* (PEP) gekennzeichnet. Dieser umfasst die vier Phasen *Produktplanung*, *Entwicklung*, *Ablaufplanung* sowie *Produktfertigung*. Der Designprozess selbst ist wiederum ein Teilprozess innerhalb der Produktentstehung. Aus der Einordnung in die übergeordnete und stark vernetzte Entwicklungs- und Planungsstruktur ergibt sich der Bedarf der ständigen Abstimmung der Tätigkeiten und erarbeiteten Zwischenergebnisse des Designprozesses mit den parallel oder übergeordnet arbeitenden Prozesspartnern. [And00; Fel13a]

Das Gesamtziel des Produktentstehungsprozesses[1] ist die Fertigung des stofflichen Produktes. Dabei besteht eine der Hauptaufgaben[2] des Designs in der geometrischen Gestaltung der Oberflächen des Exterieurs und Interieurs. Die geometrischen Merkmale der Designoberflächen müssen dabei sowohl den skulptural, ästhetischen Soll-Eigenschaften des Designs genügen, als auch den technisch, ökonomischen Anforderungen. Diese Oberflächen bilden die Grundlage für die kosten- und zeitintensive Erstellung der Fertigungswerkzeuge, welche über ihre Geometrie die spätere Gestalt des Fahrzeuges festlegen. [Len16]

Die Vernetzung des Designprozesses innerhalb des Produktentstehungsprozesses verdeutlicht Abbildung 2.2 anhand der am Produktentstehungsprozess[3] beteilig-

---

[1]   Für eine Zusammenfassung genereller Ablaufmodelle siehe z. B. die Ausführungen von CLARK, STECHERT oder NEHUIS in [Cla92], [Ste10] und [Neh14].

[2]   Das Fahrzeugdesign umfasst neben der reinen Geometriegestaltung eine Vielzahl weiterer Aspekte. Dazu zählen etwa Color & Trim, Interface Design und auch Grauzonen. An dieser Stelle wird zur Gesamtprozesseinordnung die geometrische Oberflächengestaltung mit dem Ziel der Erstellung der Serienwerkzeuge als Fokus betrachtet.

[3]   Als Beispiel wird der PEP der Marke Audi herangezogen. Die Ablaufschritte sind bei anderen OEMs ähnlich, unterscheiden sich im Detail jedoch aufgrund der Kompetenzstrukturen [Bra13b, S. 1137]. Für weitere PEPs und Ablaufmodelle, siehe z. B. die Zusammenfassungen von HARRICH, DAECKE oder TIETZE in [Har14], [Dae09], [Tie03].

ten Prozesspartner mit deren jeweiligen Aktivitäten und Meilensteinen. Die Abbildung gibt dabei eine deutlich vereinfachte Sicht auf den Ablaufprozess: Der Fokus liegt auf der Vermittlung des schematischen Ablaufs von der initialen Produktplanung bis zur angesprochenen Serienwerkzeugerstellung des im Designprozess erarbeiteten Exteriers und Interieurs eines Fahrzeuges.

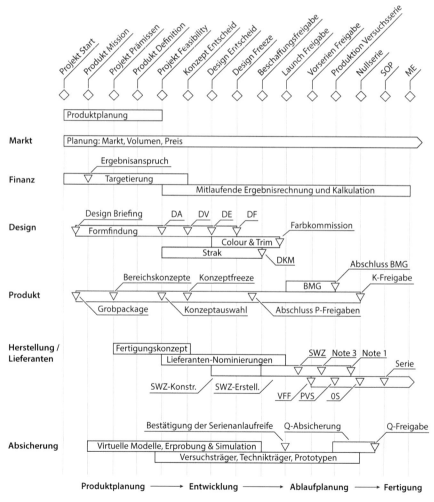

Abbildung 2.2: Exemplarische, vereinfachte Darstellung eines PEPs [Len16, S. 142] (Nachdruck mit Genehmigung des Thelem Verlags)

Grundsätzlich lassen sich die Prozesspartner innerhalb des Produktentstehungs-prozesses in die Bereiche *Markt, Finanz, Design, Produkt, Herstellung / Liefe-ranten* sowie *Absicherung* gliedern. Die Phasen der Produktplanung, Entwick-lung, Ablaufplanung sowie Fertigung gehen dabei fließend ineinander über und durch Meilensteine weiter untergliedert.

Den Startschuss für die Fahrzeugentwicklung erteilt das zuständige Entschei-dungsgremium eines Unternehmens. In Zusammenarbeit des Marketings mit der Strategischen Produkt- und Projektplanung werden die wichtigsten Anforderun-gen an das Produkt in einem Katalog zusammengefasst. Dieser enthält grundle-gende technische Merkmale wie z. B. Hauptmaße, Proportionen, Antrieb, Ge-wicht, Wertanmutung und Ausstattungsinhalte. [Die09; Bra13b]

Diese übergeordnete *Produktplanung* dient als Haupteingangsgröße für die nachfolgenden Prozessschritte und setzt mit dem Meilenstein des *Projektstarts* ein. Deren Ziel ist die Analyse der erwarteten Kundenbedürfnisse zum Zeitpunkt der *Markteinführung* (ME). Hieraus resultiert die Definition von Produkteigen-schaften, um eben diese Kundenbedürfnisse zu befriedigen. Gleichzeitig starten die Aktivitäten des Bereichs *Markt*, welche insbesondere Planungen bezüglich des *Zielmarktes*, der *Volumina* und des *Preises* einschließt. [Bra13b]

Parallel zu der Definition der Produkteigenschaften wird im Bereich der *Finanz* die *Targetierung* vorgenommen. Diese Kostenplanung verläuft stark vernetzt mit den Arbeiten der Produktplanung. Sie definiert anhand des vom Markt ermittel-ten Produktpreises die zulässigen Entwicklungskosten, die zur Verfügung ste-hen, um die definierten Produkteigenschaften erfüllen zu können. Ein wichtiges Zwischenergebnis dieser Tätigkeiten ist der ermittelte *Ergebnisanspruch* des Produktes. Dieser fasst als weitere Entscheidungsbasis finanzielle Kennzahlen, wie etwa Nettogewinn und Gesamtteilekosten, zusammen. [Hor12; Kle13]

Anhand der ersten erarbeiteten Projekteingangsgrößen wird ein *Designbriefing* erstellt, bei welchem die grundlegenden Informationen für die Designer zusam-mengefasst präsentiert werden. Dazu zählen insbesondere technische Rahmen-bedingungen sowie zu erreichende Zielgruppen und Käufer. Dieses Briefing dient als Start für die Aktivitäten des Bereichs Design, der *Formfindung*. [Sch07]

Parallel zum formalen Start der Designaktivitäten wird im Bereich *Produkt* das *Grobpackage* als Basis für die folgenden Aktivitäten herangezogen. Dieses um-fasst neben wesentlichen Außen- und Innenabmessungen Schnitte und Struktur-knoten. Das parametrisch aufgebaute Grobpackage dient als Basis für die fol-gende Erstellung von Modulen und Gesamtfahrzeugkonzepten. [Bra13b]

Im weiteren Prozessverlauf werden mit dem Meilenstein der *Produkt Mission* durch die Produktplanung grundsätzliche Vorgaben für die späteren Entwicklungsschritte festgelegt. Hierzu gehören unter anderem Produktpositionierung, Fertigungstechnologien und finanzielle Rahmenbedingungen [Pei16]. Der Meilenstein initiiert auch den Start der Aktivitäten in der *Absicherung*. Anhand der bereits erarbeiteten Ergebnisse aus den Bereichen Design und Produkt werden Erprobungen und Simulationen anhand rechnergestützter Modelle durchgeführt.

Mit dem Meilenstein der *Projekt Prämissen* werden in Abstimmung mit dem Design, Markt und Produkt, die Projekt- und Produktziele verabschiedet. Dieser Meilenstein dient gleichzeitig für den Bereich *Herstellung / Lieferanten* als Start für die Erarbeitung von Fertigungskonzepten. Zusätzlich sind von der Seite Produkt zu diesem Zeitpunkt erste Bereichskonzepte erarbeitet.

Der Meilenstein der *Produkt Definition* dient der Festlegung technischer Zielwerte des Fahrzeugs. Zu diesem Zeitpunkt sind erste Designentwürfe vorhanden. Zusätzlich werden Logistik- und Qualitätsaspekte definiert. [Pei16]

Zum Zeitpunkt des Meilensteins der *Projekt Feasibility* wird die wirtschaftliche Durchführbarkeit des Projektes anhand erwarteter Kundenakzeptanz und Kostenabschätzungen für die Entwicklung, Produktion und Marketing bestätigt. Die Produkteigenschaften und -inhalte sind zu diesem Zeitpunkt bereits beschrieben. Nach der Meilensteinbestätigung beginnt die *mitlaufendende Ergebnisrechnung und Kalkulation* der Finanz. Im Bereich des Designs wird im Zuge des Meilensteins der *Designauswahl* die Anzahl der weiter zu verfolgenden Entwürfe reduziert, [Pei16; Fur14]. Gleichzeitig beginnt die Arbeit des *Straks*[4], der die mathematische Beschreibung der Designflächen und die Detailkonstruktion der Karosseriefügungen verantwortet [Bra13b]. Parallel zur Reduktion der weiterzuverfolgenden Designentwürfe wird von Seiten des Produktes eine Konzeptauswahl für technische Lösungen getroffen, die weiterentwickelt werden soll. Von Seiten der Herstellung /Lieferanten ist die technische Reife nun so weit fortgeschritten, dass eine *Lieferanten-Nominierung* vorgenommen werden kann. Ebenso werden zu diesem Zeitpunkt erste Versuchs- und Technikträger sowie Prototypen zur Absicherung eingesetzt [Rud15].

Zum Zeitpunkt des *Konzept Entscheids* werden die verbliebenen Designmodelle bewertet und der weiter zu verfolgende Entwurf bestimmt [Bra13b]. Dies geschieht im Zuge des Designmeilensteins *Designverabschiedung*. Ebenso wird

---

[4] Ein Begriff aus dem Schiffsbau. Pro Fahrzeugprojekt werden ca. 800 Oberflächenteile eines Fahrzeugs „gestrakt" [Bra13b, S. 1147].

die technische Umsetzbarkeit des Projektes nachgewiesen [Fur14]. In diesem
Zuge wird das technische Fahrzeugkonzept beim *Konzeptfreeze* eingefroren und
als Konstruktionsbasis verwendet. Der Meilenstein markiert auch den Abschluss
der Erarbeitung des Fertigungskonzeptes.

Der Meilenstein *Design Entscheid* kennzeichnet die Freigabe der Serienentwick-
lung [Bra13b]. Zu diesem Zeitpunkt ist die Konvergenz aus Technik und Design
so weit fortgeschritten, dass mit der Konstruktion der *Serienwerkzeuge* (SWZ),
der *P-Freigabe*, begonnen wird [Pei16]. Neben der weit fortgeschrittenen Festlegung der geometrischen Merkmale des Designs beginnt zu diesem Zeitpunkt
im Bereich Design die Arbeit an den *Color & Trim*-Umfängen. Diese Designaktivitäten beziehen sich nicht auf die Geometrie des Designs, sondern auf die
Material- und Farbgebung [Fut13].

Der Meilenstein des *Design Freeze* markiert für das Design die endgültige Festlegung der Form [Bra13b]. Wurde bis zu diesem Meilenstein der Designprozess
mit dem Strakmodell begleitet, steht nun die Strakentwicklung im Fokus der
Oberflächenentwicklung. Ziel ist es, alle technischen Randbedingungen und die
formgestalterischen Ziele in einem gemeinsamen Oberflächenmodell in Einklang
zu bringen [Len16]. Auf diesen Meilenstein folgt im Bereich des Produktes der
Abschluss der P-Freigaben, also der Konstruktion der Fertigungswerkzeuge.

Zum Meilenstein der *Beschaffungsfreigabe* ist gefordert, dass die Bauteile über
serienadäquate Zusammenbau- und Einzelteilzeichnungen definiert sind [Fur14].
Dies impliziert das Ende der Werkzeugkonstruktion mit dem Abschluss der P-
Freigaben. Gleichzeitig wird im Zuge der *B-Freigaben*, nach Priorität gestaffelt,
die Fertigung der Serienwerkzeuge eingeleitet. Von Seiten des Designs endet an
dieser Stelle der Strakprozess mit dem *Datenkontrollmodell*, welches das Design
in funktionaler und ästhetischer Weise über mathematische Oberflächenmodelle
exakt definiert. Dieses auf Vorstandsebene abgenommene Oberflächenmodell
hat für die weitere Fahrzeugentwicklung verbindlichen Charakter [Len16]. In
der weiteren Folge auf diesen Meilenstein wird mit dem Designmeilenstein der
Farbkommission die endgültige Gestaltung des Designs in Bezug auf Materia-
lien und Farben festgelegt.

Mit dem Meilenstein der *Launchfreigabe* werden die B-Freigaben abgeschlossen
und von Seiten des Bereichs der Absicherung die Bestätigung der Serienanlauf-
reife bestätigt. Mit der Erstellung von Bauteilen aus den Werkzeugen beginnt die
Vorserienerprobung. Die Kriterien sind hierbei „[...] *Steifigkeit, Festigkeit,
Oberfläche, Optik, Verarbeitung und weitere Qualitätsmerkmale"* [Fur14, S.
33]. Sofern konstruktive Änderungen an den Bauteilen vorgenommen werden
müssen, sind diese vom Werkzeugbauer schnellstmöglich im Werkzeug umzu-

setzen. Änderungen ab diesem Meilenstein wirken sich erheblich auf Kosten und Termine des Fahrzeugprojektes aus [Fur14]. Gleichzeitig startet der Prozess der Baumustergenehmigung für Einzelteile und Zusammenbauten. Eine positive Bewertung gibt die Bauteile hinsichtlich Material, Geometrie und Funktion für die Serie frei [Pei16]. Im Anschluss an den Meilenstein sind die Serienwerkzeuge vorhanden.

Im Zuge der *Vorserien Freigabe* werden im Bereich der Herstellung die ersten Fahrzeuge aus serienwerkzeugfallenden Teilen aufgebaut. An dieser Stelle beginnt ein Optimierungsprozess, bei dem alle Neuteil-Umfänge, Produktionsanlagen und -prozesse aufeinander abgestimmt werden. Dies beinhält etwa die Passung und Maßhaltigkeit der Teile und Zusammenbauten. Im Anschluss an die Vorserienfreigabe startet die *Qualitätsabsicherung* (Q-Absicherung) mit den Vorserienfahrzeugen. Im Zuge der Bemusterung müssen die werkzeugfallenden Teile eine *bedingte Verwendbarkeit für die Serienverwendbarkeit* (Note 3) erfüllen. [Mar08; Fur14]

Die *Produktion Versuchsserie* markiert als Meilenstein das Ende der Baumustergenehmigung und ist der Vorläufer der Nullserie. Das Ziel ist an dieser Stelle die Prüfung der Zusammenbaueinrichtungen und die Sicherstellung der Prozessfähigkeit des Gesamtfertigungsprozesses. Im weiteren Verlauf nach diesem Meilenstein ist die *Serienfreigabe* (Note 1) der werkzeugfallenden Teile zu erreichen.

Die *Nullserie* ist der Vorläufer der Serienfertigung. Das Ziel ist der Einsatz der Serienwerkzeuge in einer seriennahen Produktionsumgebung [Sch08b]. Die Fertigungs- und Montageprozesse werden zu diesem Zeitpunkt detailliert getestet und optimiert [Möl08]. Im Zuge der *K-Freigabe* wird zu diesem Zeitpunkt die Freigabe zum Bau und der Auslieferung von Kundenfahrzeugen erteilt. Im Anschluss wird die Qualitätsabsicherung abgeschlossen und das Fahrzeugprojekt von Seiten der Absicherung freigegeben. Zu diesem Zeitpunkt muss das Fahrzeug alle geltenden Vorschriften und Zulassungsprüfungen bestehen [Pei16].

Der *Start of Production* (SOP) markiert den formalen Start der Serienproduktion. Zu diesem Zeitpunkt werden alle Bauteile in Serienreife hergestellt und lediglich eine geringe Anzahl Änderungen zur Feinabstimmung vorgenommen [Fur14]. Im Anschluss an die Serienhochlaufphase nach SOP wird mit der *Markteinführung* (ME) das neue Fahrzeug im Handel zur Kundenpräsentation bereitgestellt und dieser mit dem zur Markteinführung geplanten Volumen versorgt.

2.1.3 Der Designprozess

Der Designprozess[5] ist ein Teilprozess des Produktentstehungsprozesses. Das Augenmerk liegt beim Designprozess auf den ergonomischen und ästhetischen Inhalten der Produktentwicklung [Göt08]. Der Designprozess ist durch Meilensteine gegliedert. Die einzelnen Designmeilensteine sind bewusste Unterbrechungen des Designprozesses, bei welchen Zwischenergebnisse und Designrichtungen präsentiert, diskutiert und entschieden werden. Als Eingangsgrößen für den automotiven Designprozess dienen die bereits angesprochenen Zielvorstellungen der Geschäftsleitung und die Rahmenkonzepte des Marketings. Anhand derer werden in der dem Designprozess vorgelagerten frühen Phase von Seiten der Technik erste Grobpackages erstellt, während das Design anhand freier Entwürfe das Formthema entwickelt. Die skizzenhaft erstellten Designentwürfe sind an dieser Stelle überzeichnet, wobei Fahrzeugmaße und Package zunächst eher zweitrangig sind [Bae03]. Die Arbeiten zwischen den Akteuren laufen stark vernetzt ab und bergen viele Zielkonflikte, die stetig diskutiert werden müssen [Kra07].

Als das Ergebnis der Abstimmungen der frühen Phase steht für das Design das *Designbriefing*. Dieser Orientierungsrahmen fasst die Ergebnisse der Produktplanung für das Design zusammen. Es enthält unter anderem die Produktstrategie, das Anforderungskonzept, die Wettbewerber, Umfeldszenarien, strategische Rahmenvorgaben und Vorentwicklungsschwerpunkte. [Kra07]

Der nun voll hochlaufende automotive Designprozess lässt sich in drei grundsätzliche Phasen gliedern. Dies sind die *Proportionsfindung*, die *Designthemenentwicklung* sowie die *Ausarbeitung und Serienanpassung*. Zusätzlich kann zwischen der *divergenten* und der *konvergenten* Designphase[6] unterschieden werden. Die einzelnen Designphasen sowie die entsprechende Referenzierung zu dem übergeordneten PEP stellt dabei Abbildung 2.3 dar. Weiterhin spiegelt die Abbildung auch den qualitativen Verlauf der Konvergenz zwischen Design und Technik wider.

---

[5] Für Diskussionen unterschiedlicher Ablaufmodelle und Designphasen siehe die Ausführungen von BRÜDEK, SEEGER, und SCHULTE, in [Brü15], [See05] und [Sch14].

[6] Die einzelnen Phasen und zugehörigen Meilensteine variieren in Nomenklatur, Dauer und Zuordnung zum übergeordneten Prozesszeitpunkt von Unternehmen zu Unternehmen. Allerdings können die grundsätzlichen Designprozessschritte in der Automobilindustrie als übereinstimmend angesehen werden [Kur07]. Die Theorie des Automobildesigns verbleibt dabei in der Berufspraxis der Automobilindustrie [Cas09].

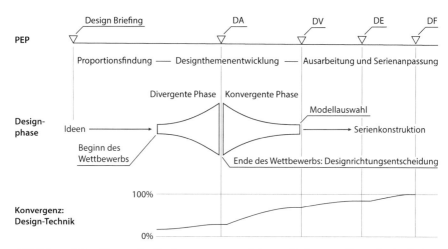

Abbildung 2.3: Phasen des Designprozesses und dessen Referenzmeilensteine im PEP sowie der qualitative Verlauf der Konvergenz von Design und Technik. In Anlehnung an [Kur07, S. 111], [Mis92, S. 142] und [Ges01, S. 62].

Mit dem *Designbriefing* und den bereits erarbeiteten Ideen zu Themenentwürfen startet die Phase der Proportionsfindung. Die Proportionsfindung dient der Definition der Maßverhältnisse einzelner Fahrzeugteile[7] zueinander. Ein Fokus liegt dabei auf der bereits korrekten Darstellung von Radstand, Spur, Höhe und Breite [Gra06].

Neben diesen grundlegenden Fahrzeugmerkmalen werden schon in dieser Designphase weitere geometrische Merkmale in den Designmodellen fixiert – die sogenannten Hardpoints [Mac14]. Eine Änderung dieser Merkmale würde eine erhebliche weitere Anzahl nötiger Änderungen nach sich ziehen. Ein Beispiel ist hier die sogenannte *Scheibentonne*. Diese beschreibt als CAD-Modell Form, Wölbung und Position der Seitenfenster im geschlossenen und offenen Zustand. Eine Änderung dieser Merkmale hätte erhebliche Auswirkungen auf die Karosseriegeometrie, welche wiederum viele Untersuchungen und Änderungen nach sich ziehen würden[8].

---

[7] LUCARELLI ET. AL untersuchen in [Luc14] den Zusammenhang von Raddurchmessern mit den generellen Fahrzeugproportionen unterschiedlicher Karosserieformen.

[8] Für eine Übersicht der Verknüpfung von Fahrzeugelementen, deren Merkmale und Eigenschaften siehe z. B. die Ausführungen von PRINZ in [Pri11].

Zur Veranschaulichung der erarbeiteten Proportionsvorschläge, die in enger Abstimmung mit der technischen Konzeptentwicklung entstehen, werden sowohl stoffliche 1:1 Modelle aus Plastilin als auch nicht-stoffliche Computermodelle in 1:1 Darstellung herangezogen. Eine Schlüsselrolle kommt hier den Datenmodelleuren zu, welche die zumeist zweidimensional und skizzenhaft erstellten Designentwürfe in dreidimensionale Computermodelle überführen.

Im Anschluss an die Proportionsfindung startet die *Designthemenentwicklung*. Diese Phase fokussiert die Arbeiten auf die Charakterfindung des Designs [Kur07]. Die Basis bildet hierbei das vorhandene Proportionsmodell. Im Zuge eines Wettbewerbs arbeiten die einzelnen Designer ihre konkurrierenden Entwürfe für das Fahrzeug weiter aus. Im Mittelpunkt stehen dabei die gewählten Designthemen, die sowohl in stofflichen Modellen und nicht-stofflichen Computermodellen entwickelt werden.

Dieser Prozessabschnitt wird auch als *divergente Phase* gekennzeichnet, da die Ideen des jeweiligen Designers *auseinanderstrebend* sind. Die Phase ist durch Forschung und Offenheit der Gedanken in viele Richtungen gekennzeichnet, wobei die Intuition des Designers einen wesentlichen Faktor darstellt. Bewusste und rationale Aspekte treten in den Hintergrund, während viele Themen und deren Abwandlungen entwickelt werden[9], um eine ansprechende Form zu finden. [Mis92]

Die divergente Phase endet mit der *Design Auswahl* (DA). Zu diesem Zeitpunkt endet der Wettbewerb zwischen den einzelnen Entwürfen der Designer. Das zuständige Entscheidungsgremium trifft an dieser Stelle eine *Designrichtungsentscheidung* und reduziert die Anzahl der weiter zu verfolgenden Entwürfe deutlich, üblicherweise auf zwei.

Als Basis in der nun beginnenden *konvergenten* Phase dienen die bereits umgesetzten Ideen und Ausarbeitungen der entschiedenen Designentwürfe. Diese werden, bezogen auf das jeweils gefundene Designkonzept, zielgerichtet weiterentwickelt [Mis92]. Diese Arbeiten enden mit dem Meilenstein der *Design Verabschiedung* (DV). Sofern noch mehrere Entwürfe verfolgt werden, findet zu diesem Zeitpunkt eine endgültige Modellauswahl statt. An dieser Stelle treten Abgleiche mit der technischen Konvergenz immer stärker als Entscheidungsbasis in den Vordergrund.

---

[9] Zusätzlich zu den ursprünglichen Ausführungen von MISCHOK in [Mis92] werden zum jetzigen Zeitpunkt in der divergenten Phase bereits Werkzeuge der 3D-Modellierung verwendet, um Ideen skizzenhaft zu fixieren und weiterzuentwickeln.

In Zulauf auf den Meilenstein des *Design Entscheids* (DE) findet die endgültige Hauptflächengestaltung statt, wobei als Ziel des Meilensteins ein abgestimmtes Fahrzeugpackage und die technische Machbarkeit definiert sind. Mit dem Eintritt in die Serienkonstruktion nimmt das Gewicht der Konvergenz zwischen Design und Technik in der Flächenentwicklung noch weiter zu. Auch tritt die Strakentwicklung weiter in den Vordergrund. Alle technischen Bereiche der Entwicklung, wozu z. B. Aerodynamik, Fahrzeugsicherheit, Karosserie oder auch Ergonomie zählen, berichten zu den einzelnen Strakständen des Fahrzeugs, um bestmögliche Kompromisse aller Zielkonflikte zu erzielen. [Len16]

Den formalen Abschluss des Designprozesses bildet der Meilenstein des *Design Freeze* (DF). Die Gestaltung aller Oberflächen und Details ist zu diesem Zeitpunkt abgeschlossen und die technische Konvergenz des Designs ist vollständig gegeben. An dieser Stelle wird die gefundene Fahrzeugform als endgültige Basis für die Konstruktion festgelegt [Kra07]. Zusätzlich läuft der Datenkontrollprozess hoch, der in mehreren Iterationsstufen das Ziel hat, formale Fehler in den entwickelten Oberflächen zu finden und zu beheben.

2.2 Interdisziplinäre Zusammenarbeit

Die interdisziplinäre Zusammenarbeit zwischen den technischen Bereichen und dem Design ist in vielerlei Hinsicht komplex und kann als Spannungsfeld bezeichnet werden. Neben der Vielzahl abzustimmender technischer Parameter können insbesondere unterschiedliche Zielpositionen und Prozessauffassungen als Gründe genannt werden [Fut13; Goo09]. In diesem Zusammenhang sind „[…] *über 50% der Probleme in der Produktentwicklung auf Verhaltens- und nicht auf Sachprobleme zurückzuführen.*" [Vir13, S. 4]. Aufgrund dessen knüpft BEIER in [Bei13] *Kommunikation, Kooperation* und *Koordination* als Vorbedingungen an eine erfolgreiche, verteilte Produktentwicklung.

Grundsätzlich ist das Spannungsfeld im Fahrzeugdesignprozess von zwei Gegensätzen geprägt: dem emotionalen und funktionalen sowie dem stofflichen und nicht-stofflichen [Cha15]. So ist es zwar die Hauptaufgabe des Automobildesigners, eine für den Zielkunden ansprechende Fahrzeugform und auch Nutzerschnittstelle zu erschaffen. Allerdings müssen bei dem Vorgang der Formfindung zusätzlich alle technischen und ökonomischen Anforderungen an das Fahrzeug beachtet und schlussendlich erfüllt werden. Nur so kann ein funktions- und zulassungsfähiges Endprodukt entwickelt werden, welchem marktwirtschaftlicher Erfolg zuteilwerden kann [Hac05; Ree05a]. Neben dem Konvergenzprozess zwischen den technischen Anforderungen und dem Design tritt der *modusbe-*

dingte Gegensatz des Designprozesses zutage: Der Gegensatz zwischen stofflichen und nicht-stofflichen Modellen. Die heutige Produktentwicklung ist stark durch Rechnerunterstützung geprägt, d. h. es werden primär nicht-stoffliche Modelle genutzt [Sta11]. Demgegenüber spielen im Fahrzeugdesign stoffliche Modelle weiterhin eine große Rolle [Fai07; Kal15; Sta13]. [Fel17b]

Das Ziel des Designs in diesem Spannungsfeld ist es, die Designabsicht in ihrer ästhetischen Form und Skulptur während des Entwicklungsprozesses zu erhalten [Dan02; Roy07]. In diesem Zusammenhang werden in den folgenden Abschnitten die Aspekte der Arbeitsweisen und Abstimmungen, die Modellmethodik innerhalb des vernetzten Prozesses sowie die Herausforderungen an die Prozesstreue vorgestellt.

2.2.1   Arbeitsziele und technische Abstimmungen

Im Produktentwicklungsprozess ist das gemeinsame Ziel aller Beteiligten, ein für den Kunden attraktives Fahrzeug zu gestalten, welches seinen Preisvorstellungen entspricht und die Renditeziele des Unternehmens deckt. Hierbei müssen vielfältige Anforderungen[10] z. B. aus fahrzeugtechnischer, wirtschaftlicher, und ästhetischer Sicht vereint werden. Besonders die große Anzahl von ca. 1000 Projektbeteiligten mit verschiedenen Arbeitsweisen und Ausbildungen ist in einem strikt getakteten Entwicklungsprozess eine Herausforderung. [Bra13b]

Ingenieure und Designer unterscheiden sich in Ausbildung, Mindset, Arbeitsmethoden und Herangehensweisen an Probleme, was zu Kooperationsproblemen führt [Ede12; Gud11]. Ein Ingenieur muss eine Vielzahl von Anforderungen in ein stofflich zu realisierendes Produkt zu überführen, wobei die Berücksichtigung der vom Designer erschaffenden Skulptur ein Aspekt unter vielen ist, welchen es abzuwägen gilt.

Ein zentraler Aspekt in der interdisziplinären Zusammenarbeit ist die Gefahr, dass aus Ingenieursicht eine gute Zweckerfüllung bereits gut aussähe und bestenfalls nachträglicher Produktkosmetik[11] bedürfe [Kra09]. Häufig wird an dieser Stelle SULLIVAN mit „[…] *form ever follows function* […]" [Sul96, S. 408] zitiert. Allerdings definiert SULLIVAN den Funktionsbegriff nicht nur dem *technisch Nötigen*, sondern auch mit dem Bedürfnis des Menschen nach *Schönheit*,

---

[10]   Für eine Übersicht der Einflüsse auf das Design in Form von Kunst, Mensch/Kunde, Gesellschaft, Unternehmen, Betriebswirtschaft und Technik siehe z. B. die Ausführungen von GESSNER sowie MACEY UND WARDLE in [Ges01] und [Mac14].

[11]   Engl.: end of pipe design.

Individualität und *Emotionen*. Diese Aspekte werden dem *technisch Nötigen* gleichgesetzt und bedürfen somit ebenso einer Formgebung [Ree05c]. Demgegenüber darf *Design* nicht als Selbstzweck der Form bei gleichzeitiger Vernachlässigung technischer Inhalte, dem Styling, verstanden werden [Cas09; Gra06; Kur07; Ree05b].

Das Design vereinigt quantifizierbaren Anforderungen, um das technisch Nötige umzusetzen, und qualitative Anforderungen der ästhetischen Gestaltung, um dem Bedürfnis des Menschen nach Schönheit und Emotion nachzukommen. Eine Schwierigkeit des Aspekts der ästhetischen Gestaltung liegt in der Bewertung, was als *schön* wahrgenommen wird. Im Gegensatz zu quantitativen Anforderungen, wie dem Luftwiderstand des Fahrzeugs, ist die Bewertung von Design hoch subjektiv und nicht quantifizierbar [Kur07; Sar09]. Hinzu kommt, dass bei der Bewertung der Form individuelle Geschmäcker und situationsbezogene Aspekte einfließen [Esc13; Gat14; Koh03].

Obwohl diese Aspekte bereits fordernd sind, muss ein Designer auch die Produktionsdauer eines Fahrzeugmodells berücksichtigen. Bei der Berücksichtigung von *facelifts*[12] kann von einer üblichen Produktionsdauer von sechs bis acht Jahren ausgegangen werden [Fut13]. Wenn die Entwicklungszeit für das Fahrzeug und dessen durchschnittliche Lebensdauer hinzuaddiert wird, ist ein Fahrzeugmodell etwa 20 Jahre lang auf den Straßen zu sehen. Daher ergibt sich der Bedarf nach einer einheitlichen Formensprache. Zusätzlich darf ein neues Modell seinen direkten Vorgänger keinesfalls veraltet aussehen lassen. Außerdem muss die vom Kunden eingeräumte Designfreiheit beachtet werden, welche sich aus der Markenwiedererkennung ableitet [Bur16; Kra16]. LOEWY beschreibt den Gegensatz zwischen dem Schaffen von Neuem und der nötigen Widererkennung durch den Kunden als „[…] *most advanced, yet acceptable.*" [Loe92, S. 1]. Die Harmonisierung all dieser Aspekte innerhalb eines gemeinsamen Oberflächenmodells – dem finalen Fahrzeugdesign – wird von BRAESS UND SEIFFERT als die „[…] *Quadratur des Kreises* […]" [Bra07, V] bezeichnet.

Der Prozess der Entwicklung der Form im Design steht auf zwei Säulen, was zum einen das Entwerfen selbst ist und zum anderen die Beurteilung des Entworfenen [Kur07]. Dabei kann das Automobildesign als ein *Henne-Ei-Problem* angesehen werden, wobei entweder das Design die Fahrzeuggestalt (Emotion)

---

[12] Ein häufiges Beispiel ist die gezielte Überarbeitung des Kühlergrills und der Scheinwerfer. Mit diesen vergleichsweise geringen Änderungen lassen sich im letzten Drittel des Produktlebenszyklus das Erscheinungsbild eines Fahrzeugs und damit die Verkaufszahlen erneut steigern. [Vie13]

treibt oder das technische Konzept und das Package (Logik) [Mac14]. Die Formgestaltung selbst ist ein Wechselspiel zwischen der Idee des Gestalters und dem Abgleich mit den gesetzten Parametern, seien es Parameter technischer Natur oder markenspezifische Gestaltungsaspekte [Kur07]. Hierbei nehmen nicht die kreativen Arbeiten den maximalen Zeitaufwand ein, sondern die Auseinandersetzung mit der technischen Umsetzung der Gestaltungsidee [Kra07].

Dieser schrittweise Konvergenzprozess zwischen qualitativen und quantitativen Anforderungen ist zusätzlich von einer stark wachsenden Informationsmenge gekennzeichnet. Nach TIETZE verbringen Mitarbeiter der Entwicklung einen wesentlichen Anteil ihrer Arbeitszeit mit der Suche und Verarbeitung von Informationen, wobei jedoch die Gesamtheit der Informationen die menschliche Mentalkapazität in der Regel überschreitet. Nach TIETZE ist somit eine hohe Informationsverfügbarkeit, aber auch eine hohe Informationsqualität eine Voraussetzung für effektive Entwicklungsprozesse [Röm02; Tie03]. Dies gilt insbesondere für den automotiven Formfindungsprozess, da hier eine Vielzahl qualitativer und quantitativer Anforderungen zu verknüpfen sind. Dazu ist in Abbildung 2.4 zunächst der grundsätzliche, iterative Ablauf der Formfindung unter Berücksichtigung technischer Aspekte dargestellt.

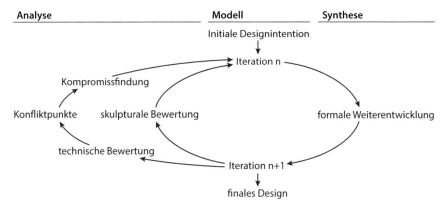

Abbildung 2.4:   Iterative Weiterentwicklung und Kompromissfindung am Designmodell in Anlehnung an [Fel17a]

BRÜDEK und KURZ fassen die Verknüpfung dieser beiden Aspekte in [Brü15] und [Kur07] wie folgt zusammen: Zunächst wird die *initiale Designintention* als Modell umgesetzt. Diese erste *Iteration* wird in ihrer Form weiterentwickelt, was in der Synthese einer weiteren Iteration des Designmodells mündet. Die jeweils aktuelle Designiteration wird laufend *skulptural* bewertet. Diese Bewertung ist eine Eingangsgröße bei der Synthese der nächsten Designiteration. Zusätzlich werden die Designstände jedoch auch hinsichtlich ihrer *technischen* Aspekte bewertet. Hieraus ergeben sich üblicherweise *Konfliktpunkte* zwischen den aus qualitativen Anforderungen resultierenden Designoberflächen und den quantitativen Anforderungen der Technik. Diese Punkte fließen in Form einer *Kompromissfindung* zusätzlich zu der skulpturalen Bewertung in die Weiterentwicklung des Designentwurfs zur nächsten Iterationsstufe ein. Am Ende des Ablaufs der Formfindung steht das *finale Design*.

Die Kompromissfindung ist vom jeweiligen Prozesszeitpunkt abhängig. Diesen Zusammenhang illustriert Abbildung 2.5, in der der qualitative Verlauf der geforderten Konvergenz zwischen Design und Technik dargestellt ist. Die Abbildung verdeutlicht, dass die *geforderte Konvergenz* gK(t) vom aktuellen Prozesszeitpunkt bestimmt wird. Diese geforderte Konvergenz ist beim Projektstart vergleichsweise gering. Sie strebt im Zulauf auf den Meilenstein Design Freeze jedoch gegen 100% [Ges01]. In der industriellen Praxis ergibt sich die geforderte Konvergenz eines Konfliktpunktes zum betrachteten Prozesszeitpunkt zu großen Teilen aus dem impliziten Erfahrungswissen von Experten [Cas09].

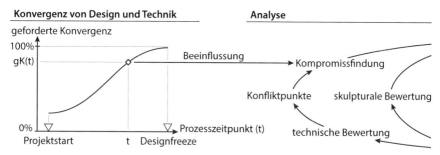

Abbildung 2.5: Zeitliche Abhängigkeit der Kompromissfindung bei Konfliktpunkten zwischen Design und Technik

Die angesprochene Kompromissfindung lässt sich als Abwandlung des TOTE-Schemas[13] beschreiben, was Abbildung 2.6 veranschaulicht. Die Tätigkeiten zur Konfliktlösung lassen sich in *Tätigkeiten des Designers am Designmodell, Tätigkeiten des Technikers am Technikmodell* sowie *gemeinsamen Tätigkeiten zur Konfliktlösung* aufschlüsseln. Die Eingangsgrößen sind *Konfliktpunkte und aktuelle Arbeitsstände* von Design und Technik.

---

[13] Engl. Akronym für **T**est **O**perate **T**est **E**xit – vgl. z. B. [Vaj14, S. 27–28].

Im ersten Schritt wird durch die Experten eine *Konvergenzbewertung* vorgenommen, welche die angesprochene Prozesszeitpunktabhängigkeit berücksichtigt. In der Folge sind im Zuge einer *Kompromissdiskussion* drei Entscheidungen
möglich. Sofern die geforderte Konvergenz nicht erreicht ist, obliegt es sowohl
der Technik als auch dem Design *Maßnahmen zu finden*.

Es leuchtet ein, dass die jeweilige Maßnahmenfindung eigenen *Regeln* unterwor-
fen ist. Diese Regeln machen die Schwierigkeit der Kompromissfindung aus und
sind in der industriellen Praxis ein regelmäßiger Konfliktpunkt. Bei dem Design
kann etwa der Wunsch nach günstigen Proportionen oder das Halten des skulpturalen Formcharakters als Regel angesehen werden. Auf Seiten der Technik
können der gesetzte Kostenrahmen, die Vorgabe zur Nutzung bestimmter Tech-
nologien oder die zur Verfügung stehenden Entwicklungszeiten zu beachtende
Regeln sein. Die jeweiligen Auswirkungen der Maßnahmen sind im Folgeschritt
anhand der jeweiligen Regeln zu *diskutieren*. Sofern eine gefundene Maßnahme
aufgrund der Regeln nicht *verworfen* wird, kann die Maßnahme bei einer erneuten Konvergenzbewertung berücksichtigt werden.

Sofern in der nun erneut folgenden Kompromissdiskussion eine für den Prozesszeitpunkt genügende Konvergenz zwischen Design und Technik festgestellt
wird, können die erarbeiteten Maßnahmen als *Kompromiss* der aktuellen Ar-
beitsrichtung definiert werden. Dieser Kompromiss kann, wie in Abbildung 2.4
aufgezeigt, bei der nächsten Formfindungsschleife umgesetzt werden. Andern-
falls muss eine weitere Iterationsschleife zur Maßnahmenerarbeitung durchgeführt werden.

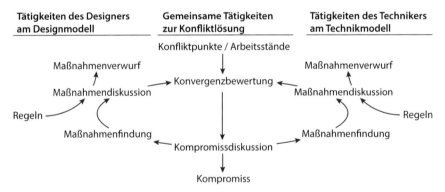

Abbildung 2.6: Teilschritte der Kompromissfindung zwischen Design und Technik

Ein weiterer Aspekt der Zusammenarbeit zwischen dem Design und der technischen Entwicklung sind die unterschiedlichen Arbeitsmittel und -abläufe. Wäh-

rend Ingenieure im Allgemeinen vom Abstrakten zum Konkreten arbeiten – der Überführung von Anforderungen in ein reales Produkt – haben Designer schon zu sehr frühen Zeitpunkten ein sehr konkretes Verständnis dafür, wie das zu gestaltende Fahrzeug in seiner Gesamtheit aus Designsicht aussehen muss [Ede12; Klö04; Vaj14]. Dies führt in der industriellen Praxis zu iterativen Einarbeitungen von technischen Anforderungen in das Designmodell oder der Anpassung der technischen Anforderungen selbst.

2.2.2 Herausforderungen der Prozesstreue

Der Produktentstehungsprozess ist mit seiner Vielzahl an Prozessteilnehmern hochvernetzt. Um den veranschlagten Termin- und Kostenrahmen einhalten zu können, sind stabile Anlaufprozesse für die Fertigung nötig. Eine Grundvoraussetzung hierfür ist der termin- und meilensteingerechte Abschluss der Entwicklung und der Ablaufplanung.

Für den Designprozess als Teil der Entwicklung tun sich an dieser Stelle zwei Herausforderungen hinsichtlich der Prozesstreue auf. Der Designprozess lässt sich nicht in Gänze planen, da er ein kreativer und von Intuition getriebener Vorgang ist [Koh03]. Andererseits sind Designentscheidungen schwierig. Es leuchtet ein, dass für einen Konstrukteur zu einem möglichst frühen Zeitpunkt stabile Designentscheidungen als Konstruktionsgrundlage nötig sind, damit termin-, kosten- und qualitätsgerecht Bauteile gestaltet werden können. Auf der anderen Seite streben Vorstände und Designer möglichst späte Entscheidungen und Änderungen an, um möglichst nah am Marktbedürfnis des Kunden zu sein.

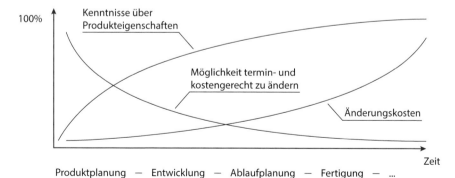

Abbildung 2.7: Zusammenhang zwischen den Kenntnissen über Produkteigenschaften und Änderungskosten im Produktentstehungsprozess. [Kur07, S. 110] (Nachdruck mit Genehmigung des Deutschen Wissenschaftsverlags)

Der Wunsch nach möglichst späten Entscheidungen und Änderungen lässt sich qualitativ mit den resultierenden Änderungskosten ins Verhältnis setzen. Diesen Zusammenhang illustriert Abbildung 2.7. Die Abbildung verdeutlicht den qualitativen Verlauf der *Kenntnisse über die Produkteigenschaften*, die *Änderungskosten* sowie die *Möglichkeit termin- und kostengerecht zu ändern*. Als Einteilung der Zeitachse sind die Phasen des Produktentstehungsprozesses bis zur Fertigung aufgetragen. Entsprechend der obigen Ausführungen ist zum Zeitpunkt der Produktplanung die Kenntnis über die konkreten Produkteigenschaften gering, wobei die Änderungskosten niedrig sind und entsprechend die Möglichkeit der termin- und kostengerechten Änderung hoch ist. Dieses Verhältnis kehrt sich im Verlauf des Produktentstehungsprozesses um. Es ist um eine Steigerung der Änderungskosten um den Faktor zehn pro durchlaufender Phase des Produktentstehungsprozesses auszugehen. [Ehr09]

Die obigen Ausführungen lassen sich einfach veranschaulichen. Eine Änderung der Designaußenhaut im Computermodell lässt sich vergleichsweise schnell umsetzen. Umso später die Änderung durchgeführt wird, umso mehr Schritte der Entwicklung, Ablaufplanung und Fertigung müssen erneut durchlaufen werden. Eine Änderung von bereits erstellten Serienwerkzeugen verursacht erhebliche Mehrkosten. Eine weitere Steigerung der Kosten tritt ein, sofern Rückrufe bereits ausgelieferter Fahrzeuge und nachträgliche Umbauten nötig sind.

Neben den Änderungskosten, die aus dem erneuten Durchlauf von Entwicklungs- und Fertigungstätigkeiten entstehen, müssen auch indirekte Kosten von Änderungen betrachtet werden. Ein Beispiel sind Kosten, die entstehen, wenn Änderungen den Markteintritt verzögern. So müssen die entgangenen Ergebnisbeiträge eines jeden nicht produzierten Fahrzeugs berücksichtigt werden.

2.2.3   Modellmethodik

Der Mensch hat eine begrenzte Mentalkapazität, weshalb ein gesamtheitlicher Überblick über komplexe Zusammenhänge bei der Lösung von Problemen nicht ohne weiteres möglich ist [Hac02a]. Abhilfe schaffen an dieser Stelle Modelle, durch die mögliche Probleme auf das für die Problemlösung Relevante reduziert und abstrahiert werden [Kur07; Ham13]. Den Modellbegriff konkretisiert STACHOWIAK wie folgt: „*Modelle sind stets Modelle von etwas, nämlich Abbildungen, Repräsentationen natürlicher oder künstlicher Originale, die selbst wieder Modelle sein können*" [Sta73, S. 131]. Die aus dieser Definition folgenden Zusammenhänge für Modelle, die andere Objekte oder Sachverhalte repräsentieren sollen, werden im Folgenden anhand Abbildung 2.8 näher erläutert.

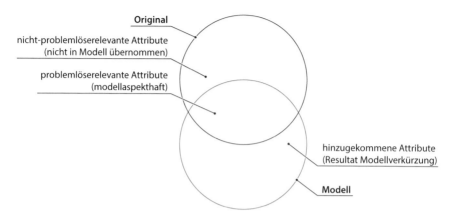

Abbildung 2.8:   Prinzip der Verkürzung und Abbildung von Attributen in Modellen.

Das bewusste Abweichen des Modells von seinem Original wird nach STACHO-
WIAK in [Sta73] durch das Merkmal der *Verkürzung* beschrieben. Die Verkürzung besagt, dass sich ein Modell in bestimmten, *nicht-problemlöserelevanten*
Eigenschaften von seinem Original unterscheiden und die Komplexität des Originals auf das zur *Problemlösung Relevante* reduzieren muss [Ste77].

Neben Abweichungen zum Original muss es zwingend „[…] *auch über Attribute
verfügen, die es mit dem Original gemeinsam hat, um als dessen Modell gelten
zu können*" [Kur07, S. 52]. Diese Gemeinsamkeiten zwischen Original und Modell können das Verhalten, die Funktion, die Struktur und das Material sein
[Ste77; Pet98]. Dies sind die *modellaspekthaften* Attribute. Diese sind aus Sicht
des Erschaffers und Nutzers des Modells *problemlöserelevant* und werden in das
Modell übernommen [Pit83].

Das bewusste *Nichterfassen* von Attributen ermöglicht erst die praktischen Vorzüge eines Modells. So resultieren aus der Modellverkürzung Attribute des Modells, die das Original nicht besitzt, im Modell aber *hinzukommen* [Pit83]
[Pit83]. Mögliche Attribute können etwa der leichtere Transport, die günstigere
Herstellung oder das leichtere Verständnis des Modells sein [Kur07].

Prinzipiell lassen sich Modelle hinsichtlich ihrer *Funktion* in zwei Klassen einteilen, was Abbildung 2.9 verdeutlicht. Grundsätzlich ist das *Ziel* eines Modells
der Erkenntnisgewinn. Allerdings muss unterschieden werden, ob es sich bei
dem modellierten Original um einen *bekannten* oder *unbekannten* Sachverhalt
handelt. Bei einem bekannten Sachverhalt dient das Modell als ein *Repräsenta-
tions- und Demonstrationsmittel*. Das Modell soll somit in seiner *hermeneutischen Funktion* einen bekannten Sachverhalt als reines Kommunikationsmittel

präsentieren. Bei einem *unbekannten Sachverhalt* dient das Modell in seiner *heuristischen Funktion* als *Forschungs- und Entwurfsgegenstand.* Beide Modellklassen können die Struktur, Funktion, Material oder das Verhalten des Originals abbilden. [Kur07]

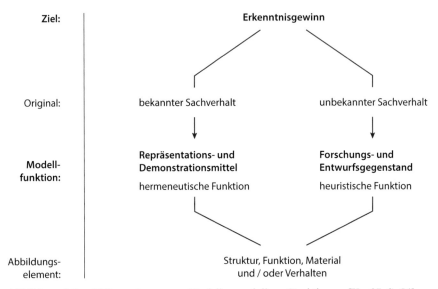

Abbildung 2.9: Differenzierung von Modellen nach ihren Funktionen. [Kur07, S. 54] (Nachdruck mit Genehmigung des Deutschen Wissenschaftsverlags)

Der Designprozess verlangt nach sowohl hermeneutischen als auch heuristischen Modellen. Die hermeneutischen Modelle kommunizieren die Formideen und Arbeitsstände der Designflächen und dienen so als Medium für Designentscheidungen[14]. Ein Großteil der Modelle im Design dient jedoch der Entwurfsentwicklung, sie sind also heuristische Modelle [Kur07]. Dazu illustriert Abbildung 2.10 die heuristischen Modelle im Formfindungsprozess.

Einen wichtigen Standpunkt nehmen Skizzen als Vertreter von grafischen und zweidimensionalen heuristischen Modellen ein. Skizzieren ist eine der stärksten Unterstützungsmethoden beim Entwickeln von kreativen Ideen. Design bedeutet kreatives Denken und somit Problemerkennung und Problemlösung. Visuelles Denken macht die Problemlösung visuell wahrnehmbar und erfassbar, indem

---

[14] Siehe *Designmeilensteine* in Abschnitt 2.1.3.

Ideen und Gedankengänge auf einem Medium fixiert werden. Auf diese Weise wird, durch die zeichnerische Auseinandersetzung mit dem Problem, das Arbeitsgedächtnis erheblich entlastet. Die so frei gewordene Mentalkapazität kann für die eigentliche Ideenfindung und das Problemlösen aufgewendet werden. Skizzen dienen somit der *Selbstkommunikation* des Designers, indem Gedankengänge *externalisiert* und anschließend das Externalisierte *reflektiert* wird. [Hac03; Ham13; Isr11]

Skizzen
grafisch | 2D

Modellbauplastillin
stofflich | 3D

Computer Aided Styling
nicht-stofflich | 3D

Abbildung 2.10: Heuristische Formfindungsmodelle im Automobildesign.
(Quelle der Bilder: Volkswagen)

Bezogen auf dreidimensionale, heuristische Designmodelle lässt sich eine Klassifizierung in *stoffliche* und *nicht-stoffliche* Modelle vornehmen. Stoffliche Modelle bestehen zumeist aus einem synthetischen Modellbauplastilin[15], welches sich im erwärmten Zustand per Hand verformen und bei Raumtemperatur auch maschinell bearbeiten lässt. Das Material erlaubt die Erarbeitung der Oberflächengeometrie durch Materialauf- und abtrag. Durch die gezielt eingestellte Farbe des Materials, welche der Farbe von Ton nachempfunden ist, wird die Flächenwahrnehmung und -bewertbarkeit unterstützt. Ein solches Plastilinmodell lässt sich somit auch als dreidimensionale Skizze verstehen. [Fel17b; Kal15]

Heuristische nicht-stoffliche Modelle sind ein zentraler Aspekt des Designprozesses [Mun16]. Das Computer Aided Styling (CAS) Modell bildet als Computermodell die Designoberflächen als eine Kombination komplexer Freiformgeometrien ab – den *Patches*. Heuristische CAS-Modelle haben das gleich Ziel wie stoffliche Designmodelle: das Finden der Form des Fahrzeugexteriors und -interiors. CAS-Systeme unterscheiden sich von den Computer Aided Design (CAD) System in ihrem Fokus auf das Erzeugen von hochwertigen Oberflächen. CAS-Systeme legen besonderen Wert auf Kontinuität, Stetigkeit und Ordnung der erzeugten Patches. [Har14; Gra06; Küd07; Len16]

---

[15] Engl. Fachbegriff: *Clay.*

Die parallele Nutzung von stofflichen und nicht-stofflichen Formfindungsmodellen führt zu einem Medienbruch [Cha15]. Dem Medienbruch wird durch einen Reverse Engineering Prozess begegnet, was in Abbildung 2.11 dargestellt ist. Die Tätigkeiten lassen sich in die Klassen *rekonstruktiv, heuristisch* und *fertigend* einteilen. Die heuristischen Tätigkeiten können entsprechend der genutzten Modelle in *nicht-stofflich* und *stofflich* unterschieden werden. Es handelt sich bei diesem Prozess um einen Kreislauf, der exemplarisch mit der heuristischen Formfindung anhand eines nicht-stofflichen *CAS-Modells* begonnen wird. Dieses Oberflächenmodell wird im nächsten Schritt durch *Fräsen* in ein stoffliches Modell überführt. Dieses nun stoffliche Modell kann nun *manuell modelliert* werden. Zur Rückführung der manuell geänderten Oberflächen muss das stoffliche Prozess durch *rekonstruktive*[16] Tätigkeiten zurück in ein nicht-stoffliches Modell übertragen werden. Dies geschieht zunächst über die *Digitalisierung,* bei welcher die stofflichen Flächen in eine Punktewolke innerhalb eines Computermodells überführt werden. Diese Punktewolke wird im Zuge der *Datenaufbereitung* bereinigt und im anschließenden Schritt der *Tesselierung*[17] in ein erstes Oberflächenmodell übertragen. Anschließend werden die tesselierten Oberflächen im Zuge der Parametrisierung in mathematisch beschreibbare Freiformflächen umgewandelt. Diese Freiformflächen können schließlich als Basis für die weitere Oberflächenmodellierung in einem CAS-System dienen. [Fai04; Ye08; Zab99]

Der beschriebene *Reverse Engineering Prozess* ist aufwändig und kostenintensiv, deshalb kann eine Umstellung des Designprozesses auf rein nicht-stoffliche Formfindungsmodelle sinnvoll erscheinen. Diese bieten erhebliche Vorteile in den Bereichen der Variantenerzeugung, der Umsetzung von Änderungen und der Zusammenarbeit mit räumlich getrennten Entwicklungspartnern [Küd07].

Allerdings dürfen Änderungsvorschläge am Designprozess nicht aus rein betriebswirtschaftlicher oder technischer Sicht erfolgen. Zusätzlich müssen die denk- und wahrnehmungspsychologischen Aspekte der Formfindung und -bewertung betrachtet werden. Ansonsten besteht die Gefahr, dass die Qualität des Erschaffenen leidet [Kur07]. Aufgrund der Relevanz des Designs für den Markterfolg eines Produktes muss dieser Aspekt stets berücksichtigt werden [Rad09].

---

[16] Für weitere Detailinformationen zu den rekonstruktiven Schritten siehe z. B. die Ausführungen von POHL in [Poh09, S. 6–8].

[17] *Tesselierung* bezeichnet die lückenlose und überlappungsfreie Überdeckung einer beliebig gekrümmten Fläche durch ebene Polygone. Es ist ein Verfahren zur Vereinfachung dreidimensionaler Geometrie durch zweidimensionale Elemente. [Poh09, S. 12]

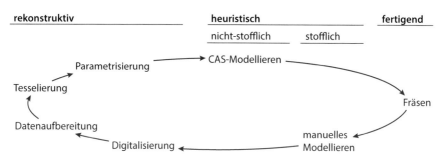

Abbildung 2.11: Tätigkeiten des Reverse Engineering Prozesses zur Überführung stofflicher und nicht-stofflicher Modelle ineinander

So bieten stoffliche Modelle viele Vorteile. Deren haptische Greifbarkeit unterstützt die Kreativität und lässt Raum für zufällige Entdeckungen, was aus der Nutzung intuitiver und haptischer Modellierungswerkzeuge herrührt [Bad02; Bei10b; Isr11]. Weiterhin bieten stoffliche Modelle Vorteile in der visuellen Flächenbewertbarkeit. Deren Stofflichkeit im Maßstab 1:1 erlaubt dem Betrachter ohne mentale Umwege, die geschaffene Form in den Bezug zum eigenen Körper zu setzen und zu bewerten. Dies wird durch die typischen Glanzlichter auf der Modelloberfläche unterstützt, die durch Kopfbewegungen des Betrachters wandern und so intuitiv neue Informationen über das Modell liefern. [BMW12; Hac02b; Kur07]

Stoffliche und nicht-stoffliche Modelle haben jeweils Vor- und Nachteile. Eine Modellart alleine kann nicht allen Ansprüchen gerecht werden, was nach einer strategischen Modellstrategie verlangt [Kur07]. Eine absolute gegenüberstellende Wertung der Vorzüge und Nachteile stofflicher und nicht-stofflicher Modelle ist weiterhin nicht möglich, da sich technische Randbedingungen fortlaufend ändern. Somit können rechnergestützte Werkzeuge immer näher an die Bedürfnisse der Nutzer zugeschnitten werden [Kur07]. Weiterhin ändert sich die Wahrnehmung der Gestalter und Entscheider in Bezug auf die Nutzung nicht-stofflicher Modelle. Die Arbeit mit Modellen muss gelernt werden [Dan98; Rei77]. So ändert sich die Wahrnehmungsfähigkeit und somit die Interpretationsfähigkeit nicht-stofflicher Modelle als Entscheidungsbasis [Kur07].

3 Ansätze und Handlungsbedarfe

Im vorangegangen Abschnitt wurden die Grundlagen des Spannungsfeldes zwischen der automotiven Konzeption und des zugehörigen Fahrzeugdesigns betrachtet. Hinsichtlich der aufgezeigten Problematiken wird im Folgenden ein Querschnitt besonders relevanter Forschungsansätze zur Begegnung der genannten Problemstellungen betrachtet. Darauf aufbauend wird ein Handlungsbedarf bezüglich der in Abschnitt 1.1 geschilderten Motivation herausgearbeitet.

3.1 Ansätze

Zur Betrachtung der bisherigen Ansätze wird zunächst eine Einteilung nach Hauptgruppen vorgenommen. Diese werden im Folgenden in sich geschlossen betrachtet. Die Hauptgruppen sind:

- Modelleingabe

- Visualisierung

- Anforderungsharmonisierung

- Package und Konzepterstellung

3.1.1 Modelleingabe

In diesem Abschnitt werden Ansätze für Eingabegeräte nicht-stofflicher Designmodelle dargelegt. Das besondere Augenmerk gilt hierbei immersiven Alternativen zu der klassischen Bedienung mit Maus und Tastatur.

Der Ansatz von Toda in [Tod13] zielt auf die Nachbildung bekannter, stofflicher Modellierwerkzeuge für rechnergestützte Anwendungen ab. Die Werkzeuge sind dafür gedacht, als stoffliche Eingabemedien in nicht-stofflichen CAD-Anwendungen zu fungieren. Dazu zeigt Abbildung 3.1 die Umsetzung der Werkzeuge Pinsel, Messer, Zange und Hammer.

Besonderes Augenmerk gilt in diesem Zusammenhang der Simulation der haptischen Rückmeldung bei der Werkzeugnutzung im freien Raum. Die haptische Rückmeldung ist bei der Werkzeugnutzung neben den visuellen Reizen von

© Springer Fachmedien Wiesbaden GmbH, ein Teil von Springer Nature 2018
U. Feldinger, *Hybride Modellnutzung in der automotiven Formfindung*,
AutoUni – Schriftenreihe 129, https://doi.org/10.1007/978-3-658-23452-2_3

großer Wichtigkeit [Hac03]. Üblicherweise wird die haptische Rückmeldung solcher Eingabegeräte über mechanische Anbindungen und Aktuatoren simuliert. In dem von TODA vorgestellten Ansatz werden mehrere Vibrationsaktuatoren innerhalb der Werkzeuge genutzt, um taktile Rückmeldungen für den Nutzer zu erzeugen.

Insbesondere das vorgestellte *Messer* verspricht Nutzen für digitale Prozesse zur Nachbildung der Bearbeitung von Plastilinmodellen. In Verbindung mit einer immersiven VR-Umgebung erscheint die Nutzung von pseudohaptischen Rückmeldungen durch Vibrationsmotoren vielversprechend, da auf mechanische Aufbauten verzichtet werden kann. Somit wird die Nutzung bei 1:1 Designmodellen eines Fahrzeugs möglich. TODA führt weiter aus, dass bedingt durch das Wirkprinzip keine Adhäsionskräfte beim Schneiden simuliert werden können. Bei Werkstoffen mit hohen Adhäsionskräften, wie Plastilin, ist dies nachteilig.

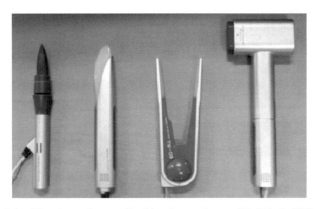

Abbildung 3.1:   Eingabewerkzeuge für CAx-Anwendungen [Tod13, S. 222]
(Nachdruck mit Genehmigung von Springer Berlin Heidelberg)

In der Dissertation [Tch05] behandelt TCHEBETCHOU einen Ansatz, um Werkzeuge der Claymodellierung in einem VR-System nachzubilden. TCHEBETCHOU begründet sein Vorgehen mit der unterbrochenen Prozesskette beim Wechsel zwischen stofflichen und nicht-stofflichen Modellen. Seine Motivation ist es, eine Nachbildung der stofflichen Freiformflächenmodellierung in einem rechnergestützten System zu ermöglichen. Somit soll der Wechsel zwischen stofflichem und nicht-stofflichen Modell vermieden werden.

Explizit widmet sich TCHEBETCHOU der Nachbildung eines flexiblen Flachschabers, welcher in Abbildung 3.2 veranschaulicht ist. Das angesprochene Werkzeug ermöglicht die Modellierung von Truesweeps[18], indem Flächen durch Materialabtrag gestaltet werden können.

Abbildung 3.2:   Rechnergestütztes Truesweep-Werkzeug [Tch05, S. 104]
(Nachdruck mit Genehmigung des Autors)

Die Umsetzung des vorgestellten, flexiblen Truesweeps geht explizit auf die Belange der rechnergestützten Flächenmodellierung analog des Formfindungsprozesses anhand stofflicher Modelle ein. Rückblickend hat sich das Verfahren jedoch nicht durchgesetzt. Als mögliche Gründe können die Raumwirkung der Darstellung und die fehlende haptische Rückmeldung des Eingabewerkzeugs genannt werden[19]. Zwar geht TCHEBETCHOU auf eine Kraftrückkopplung in kleinerem Maßstab ein, für die Dimension stofflicher 1:1 Fahrzeugmodelle scheint der Aufbau jedoch nicht zielführend.

ZAMMIT und MUNOZ befassen sich in ihrer Ausarbeitung [Zam14] mit der Fragestellung, ob die Anwendung von Designwerkzeugen aus der Unterhaltungsindustrie auch im Automobildesign anwendbar sei. Die Autoren untersuchen dazu, ob sich der traditionelle stoffliche Formfindungsprozess durch den Einsatz von stiftbasierten Eingabewerkzeugen für Polygonoperationen in CAS ersetzen ließe. Als Motivation dieses Vorgehens geben ZAMMIT und MUNOZ die, im Gegensatz zum Design, durchgehend rechnergestützte ablaufenden Fahrzeugentwicklungsprozesse und die Unzulänglichkeiten von *WIMP-Eingabemethoden*[20] bei Kreativprozessen an.

---

[18] Eine Radienschablone zur Erzeugung konvexer Flächen.

[19] Vgl. die Ausführungen von KURZ und HACKER in [Kur07] und [Hac03].

[20] Engl. Akronym: **w**indows, **i**cons, **m**enus, **p**ointing devices: Klassische tastatur- und mausbasierte Eingabemethoden. Für Ausführungen zu diesen Eingabemethoden als Hemmer für Kreativität siehe z. B. die Ausführungen von STARK ET AL, SENER ET AL., WENDRICH oder GLATZEL in [Sta10], [Sen02], [Wen10] und [Gla14].

In Abbildung 3.3 ist der Ansatz in der Software Autodesk Mudbox dargestellt. Durch die Stifteingabe in dem Modelliersystem kann anhand eines polygonbasierten Basiskörpers sukzessive eine dreidimensionale Fahrzeugform herausgearbeitet werden. Die Autoren gehen explizit auf die Vorteile der drucksensitiven Stiftnutzung als Eingabemedium ein, welches durch mehrere tausend Druckstufen abbildet und im Gegensatz zu klassischen WIMP-Eingabemedien näher an der Vorgehensweise des stofflichen Modellierens ist.

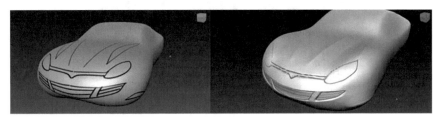

Abbildung 3.3:   SBPM Modellierung eines Claygrundkörpers [Zam14, S. 23]
                     (Nachdruck mit Genehmigung von Taylor & Francis)

Allerdings werden bei dem Ansatz auch Nachteile deutlich. So werden durch Rapid Prototyping stoffliche Ausleitungen des Modells in verkleinertem Maßstab vorgenommen. Dies weist auf die Problematik der Flächenbewertbarkeit durch Modellverkürzung hin. Außerdem lassen sich mit dem System lediglich im verkleinerten Maßstab haptische Rückmeldungen über das Eingabemedium umsetzen[21]. Abschließend wird die erzeugte Qualität der Flächen im Vergleich zu klassischen NURBS-Systemen bemängelt. Aus diesem Grunde schlagen Zammit und Munoz vor, die vorgestellte Methodik in frühen Entwurfsphasen zur schnellen Ideengenerierung zu nutzen und das erzeugte Modell als Basis für die spätere NURBS-Modellierung zu verwenden.

3.1.2 Visualisierung

Das Themenfeld der Visualisierung behandelt Forschungsansätze mit dem Ziel der Darstellung und Bewertung von Informationen. Zusätzlich wird die Zusammenführung von stofflichen und nicht-stofflichen Produktmodellen betrachtet.

Das Ziel der Dissertation von POHL [Poh09] ist die Integration der Geometrie eines Claymodells mit den Textur- und Oberflächendaten des nicht-stofflichen

---

[21] Vgl. dazu z. B. die Ausführungen von ISRAEL in [Isr11].

Designmodells durch Mixed Reality. Als Motivation dient der Wunsch, Iterationsschleifen im Designprozess einzusparen. Dazu wurde ein projektionsbasierter Augmented Reality-Ansatz entwickelt. Der Ansatz umfasst die Projektion von Oberflächendaten, Formelementen, wie zum Beispiel Fugen, und auch Details wie Scheinwerfern. Als Projektionskörper dient eine geometrische Grundform des Modellentwurfs, was als praktische Ansatzumsetzung in Abbildung 3.4 aufgezeigt ist.

Abbildung 3.4: Projektionsbasierte Mixed Reality Visualisierung [Poh08, S. 53]
(Nachdruck mit Genehmigung von Shaker)

Das erarbeitete Projizieren von Designdaten auf Claymodelle ermöglicht dabei eine Darstellung von Color&Trim-Varianten auf der Grundgeometrie des Designs. Neben der hochwertigeren Darstellung lassen sich verschiedene Varianten am gleichen Grundmodell schnell umschalten. Trotz dieses Systemnutzens werden von POHL bereits nachteilige Merkmale des Ansatzes genannt. So dürften die Grundform des Projektionskörpers und das Datenmodell nicht stark voneinander abweichen, um eine wahrnehmungsgerechte Projektion zu erreichen. Dies verhindere die Darstellung von Geometrieänderungen durch virtuelle Daten im Projektionskörper.

Die Arbeit in der Formfindungsphase ist maßgeblich durch Geometrieänderungen bestimmt. Aus diesem Grunde eignet sich der Ansatz zwar sehr gut als Entscheidungsmedium für die Auswahl von Color&Trim-Varianten, jedoch nur bedingt als Arbeitsmittel während der Formfindungsphase.

POHL erläutert weiter, dass sich durch die Nutzung von statischen Projektionsbildern auf den Grundkörper keine laufenden Glanzlichter abbilden ließen. POHL schildert in diesem Zusammenhang auch die Grenzen der Visualisierung virtueller Inhalte in dem Designmodell. Systembedingt ließen sich virtuelle Daten lediglich auf dem Projektionskörper abbilden.

Somit sind ausschließlich zweidimensionale Daten auf der Außenhaut darstellbar. Dies schränkt die Darstellung technischer Informationen auf die Darstellung von Prüffeldern oder Fugenverläufen ein.

Das Ziel der Dissertation von BEUTHEL in [Beu05] ist das Schaffen einer Methode, um ingenieurtechnisches Wissen zur Langzeitbewahrung zu speichern. Dazu wird ein rechnergestützter Ansatz vorgestellt, welcher sich auf die wahrnehmungspsychologische Wissensinterpretation durch 3D-Gestaltvisualisierungen stützt. BEUTHEL weist darauf hin, dass der Ansatz eine natürliche Wissensdekodierung darstelle und die Informationsdichte von Bildern erheblich höher sei, als bei sprachlichen Dokumenten. Auf diese Weise würde die kompetente Interpretation, insbesondere von fachfremden Personen, unterstützt.

Visualisierungsmerkmal	Visualisierungsform						
	Modell	Modellbild	Bildsequenz von Modell	Simulations-applikation	Interaktive Applikation	Infografik	Info-simulation
Form	✓	✓	✓	✓	✓	✓	✓
Feature	✓	✓	✓	✓	✓	✓	✓
Detaillierungsgrad	✓	✓	✓	✓	✓	✓	✓
mehrere Darstellungsmodi	✓		✓			✓	✓
Perspektive	✓	✓	✓		✓	✓	✓
Farbe	✓	✓	✓	✓	✓	✓	✓
Transparenz	✓	✓	✓	✓		✓	✓
Textur	✓	✓	✓	✓	✓	✓	✓
Hintergrundrelation	✓	✓	✓	✓	✓	✓	✓
Navigation	✓		✓	✓	✓		✓
Modellausleuchtung	✓	✓	✓	✓	✓	✓	✓
Lichtreflexion	✓	✓	✓	✓	✓	✓	✓
visueller Spezialeffekt	✓	✓	✓	✓	✓	✓	✓
Bewegungsdynamik	✓		✓	✓	✓		✓
Audioeffekt	✓		✓	✓	✓		✓
Interaktion	✓				✓		
Kraftrückkopplung	✓						✓
Informationszusatz	✓	✓	✓	✓	✓	✓	✓

Abbildung 3.5:   Zuordnungsschema für Produktmerkmale und deren Visualisierung [Beu05, S. 82] (Nachdruck mit Genehmigung des Autors)

Für den angesprochenen Ansatz stellt BEUTHEL ein Ordnungsschema hinsichtlich des zu visualisierenden Produktmerkmals und dazu passender Visualisierungsformen vor, welches in Abbildung 3.5 veranschaulicht ist.

Die angesprochene Methodik liefert einen Leitfaden, in welcher Repräsentationsform einzelne Produktmerkmale wahrnehmungspsychologisch sinnvoll dargelegt werden können. Allerdings zielt der Ansatz auf die Visualisierung von Produktmerkmalen ab. Eine Darstellung von Produkteigenschaften[22] in ihrer Soll- und Ist-Ausprägung ist nicht vorgesehen.

---

[22]   Zur Unterscheidung von Produkteigenschaften und -merkmalen siehe Abschnitt 4.1.1.

In seiner Dissertation [Bad12] behandelt BADE die Nutzbarmachung von Augmented Reality für Soll- / Ist-Vergleiche in der Fertigungsplanung. Das Augenmerk des Autors lag dabei auf der Verbesserung der geometrischen Registrierung in industriellen Produktionsumgebungen sowie der Auswertung von AR-Informationen. Der Ansatz ist von besonderer Relevanz, da explizit auf die Problematiken hinsichtlich des Einsatzes von Augmented Reality-Systemen in unterschiedlichen automobilindustriellen Anwendungsfällen eingegangen wird. BADE untersucht in diesem Zuge unter anderem unterschiedliche Trackingtechnologien[23] und bewertet diese hinsichtlich der Schnelligkeit und Präzision der geometrischen Registrierung. Beispielhaft illustriert Abbildung 3.6 einen markerbasierten AR-Versuchsaufbau bei einer Spanntechnik. In der Abbildung stechen die dargestellten virtuellen Bildanteile durch ihre Farbgebung deutlich hervor.

Abbildung 3.6:   Augmented Reality an einer Spannvorrichtung [Bad12, S. 131]
(Nachdruck mit Genehmigung des Logos Verlags)

Zusätzlich werden Probandenversuche durchgeführt, um Potenzial und Nutzerbelastung bei AR-basierten Soll-/Ist-Vergleichen zu bewerten. Die Versuche lassen in ihren Ergebnissen zum Vergleich zwischen AR, 3D- sowie 2D-Darstellungen auf erhebliches Prozessverbesserungspotential bei Soll-/Ist-Vergleichen mit AR-Technologie schließen. Der Autor begründet dies vor allem mit der Intuitivität des AR-Ansatzes, wobei aber die Erfahrung des Anwenders in Bezug auf Methodenansatz einen erheblichen Einfluss auf das Ergebnis hat.

---

[23] Das *Tracking* bezeichnet die Abschätzung der relativen Lage vom realen Betrachtungsgegenstand und dem Visualisierungsmittel. Die *Registrierung* bezeichnet das geometrisch korrekte Einpassen der virtuellen Daten in die stoffliche Realität.

BADE folgert aus seinen Studienergebnissen bezüglich Augmented Reality: *„AR eignet sich besonders gut zum Erkennen und Quantifizieren von Positionsabweichungen."* [Bad12, S. 178]

Hinsichtlich der Umsetzung wird jedoch deutlich, dass der Autor explizit auf die dreidimensionale Darstellung von Soll-Merkmalen innerhalb von automobilindustriellen Anwendungen eingeht. Eine Ausweitung auf die Soll-Eigenschaften des jeweiligen Anwendungsfalls wird nicht eingegangen.

3.1.3   Anforderungsharmonisierung

Der Abschnitt der Anforderungsharmonisierung umfasst Forschungsansätze, die sich mit der Konvergenz technischer Anforderungen und der vom Designer geschaffenen Produktattributen befassen. Ein weiterer Betrachtungspunkt ist das Erfassen und das Visualisieren von geforderten Eigenschaften und Merkmalen an ein Produkt.

GESSNER basiert seine Überlegungen in [Ges01] auf eine veränderte Wettbewerbssituation in der Automobilindustrie, in welcher verteilte Arbeitsumgebungen bei Entwicklungsprojekten die Regel darstellen. Unter dem Zwang von sich verkürzenden Entwicklungszeiten wird im Hinblick auf das *Simultaneous Engineering* als zentrale These vorgeschlagen, den Ideenwettbewerb des Designs in den parallelisierten Entwicklungsprozess zu integrieren. Dazu wird eine Erweiterung der allgemeinen Konstruktionsmethodik eingeführt, welche interdisziplinäre Konzeptteams aus den Bereichen Design, Package, Innovation, Konstruktion, Planung und Controlling beinhaltet.

Der Ansatz umfasst einen auf CAD-Features basierenden Designgestaltungsraum. Dieser konvergiert, wie in Abschnitt 2.2.1 beschrieben, im Laufe des gemeinsamen Prozesses von Packageentwicklung und Design gegen Null. In Abbildung 3.7 ist der zur Sicherstellung der Kooperation in der frühen Phase vorgestellte Methodenansatz dargestellt. Die in der Seitenansicht veranschaulichten Packagefeatures umfassen unter anderem Kopffreiräume und die Ampelsicht.

Rückblickend auf die Entwicklungen seit der Veröffentlichung im Jahr 2001 ist festzuhalten, dass verteilte Entwicklungsumgebungen, interdisziplinäre Projektteams und die Integration des Designs in den parallelisierten Entwicklungsprozessen der Automobilindustrie heute Standard sind [Fut13; Vir13]. Allerdings ist die von GESSNER vorausgesagte vollständige Digitalisierung des automobilen Designprozesses nicht eingetreten. Dies lässt sich, trotz der erheblichen Fortschritte wirklichkeitsnaher Visualisierung von nicht-stofflichen Designmodellen,

mit den weiterhin vorhandenen Vorteilen feststofflicher Modelle in Bezug auf
das Raumgefühl und der damit verbundenen Flächenbeurteilbarkeit begründen
[Kal15; Kur07].

Erklärtes Ziel der eingeführten Packagefeatures und des für den Designer verfügbaren Gestaltungsraums ist nach GESSNER:

> [...] die Kontrolle der Packagekonformität bei der Modellierung bzw. Be-
> arbeitung der Designaußenhaut. Hierbei ist zu überprüfen, inwieweit die
> Bedingungen und Anforderungen der einzelnen Packagefeatures eingehal-
> ten werden. [Ges01, S. 102]

Obwohl GESSNER in auf diese Aussage folgenden Ausführungen auf eine gründliche Abstimmung zwischen den Prozesspartnern bei Packageverletzungen durch
das Design hinweist, so wird dennoch aufgrund von Erfahrungen aus der Praxis
die Gefahr eines End-of-Pipe-Designs deutlich. GESSNER mahnt weiterhin die
Nutzung von unterstützenden Werkzeugen in der frühen Phase für den Designer
an, welche zusätzlich intuitive Eingabemöglichkeiten benötigen würden.

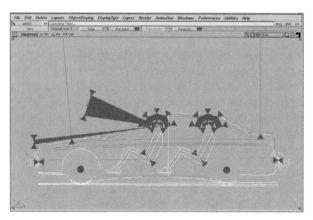

Abbildung 3.7: Darstellung von Packagefeatures [Ges01, S. 133]
(Nachdruck mit Genehmigung des Autors)

Aufgrund der fortschreitenden Digitalisierung des Designprozesses[24] im Allgemeinen und Forschungsarbeiten zum Thema der Modellmethodik[25] im Speziellen

---

[24] Siehe dazu z. B. die Ausführungen von Beier und Maier in [Bei10b].

[25] Siehe Abschnitt 2.2.3 und die Ausführungen von KURZ in [Kur07].

stellt sich die Frage nach geeigneten Werkzeugen für den Designer. Diese müssen sowohl in Arbeitsweise und Nutzung vom Designer akzeptiert sein als auch über die geforderten digitalen Schnittstellen zu den Prozesspartnern verfügen, wie es etwa von GESSNER oder KURZ gefordert wird. Aus diesen Aspekten lässt sich der Bedarf nach einer zeitlich synchronen Integration feststofflicher, heuristischer Designmodelle in den Fahrzeugentwicklungsprozess ableiten.

Erklärtes Forschungsziel der Dissertation von FURIAN in [Fur14] ist das Erstellen einer wissensbasierten Softwareumgebung, um die Effizienz beim Konstruktionsprozess, insbesondere den in der Automobilindustrie, zu steigern. Ein besonderes Augenmerk liegt auf der Wissensermittlung. Dazu wird auf den menschbezogenen Sachverhalt der Nutzerkooperation bei der Wissensermittlung eingegangen.

Nach FURIAN zögen die Fachexperten keinen unmittelbaren Nutzen für die tägliche Projektarbeit aus der Externalisierung ihres Expertenwissens. Eine Herangehensweise zur Wissenserfassung, welche für den Nutzer unmittelbar mehr Nutzen als Aufwand bedeutet, resultiert nach FURIAN in der „[...] *Akzeptanz und Sensibilisierung des Mitarbeiters zum System und dem Thema Wissensmanagement.*" [Fur14, S. 102]

Zu diesem Zweck beschreibt FURIAN, wie Expertenwissen während eines laufenden Projektes in einem unterstützenden Prozess zeiteffizient erfasst werden kann. Dazu wird eine Methode eingeführt, welche das relevante Expertenwissen im Zuge von üblichen Änderungsdokumentationen erfasst. FURIAN demonstriert, dass implizites Expertenwissen durch dieses softwaregestützte Werkzeug ohne Nutzermehraufwand externalisiert und somit für andere Nutzer in expliziter Form abrufbar gemacht werden kann.

FURIAN folgert, dass der Methodenansatz eine sinnvolle Ergänzung zu bestehenden 3D-CAD- und PDM-Systemen sowie KBE-Anwendungen darstelle. Allerdings wird eingeschränkt, dass das externalisierte Wissen eines vergangenen Projektes oftmals nicht auf Folgeprojekte anwendbar sei, wofür als Grund die „[...] *einzigartige Charakteristik und eines jeden Bauteils und die damit einhergehende Lösung.*" [Fur14, S. 103] angegeben wird.

Als Erklärung für diesen Nachteil kann der Ansatz der Methode herangezogen werden. Um den unmittelbaren Mehraufwand für den Nutzer im Änderungsprozess eines Bauteils zu minimieren, werden bei der Externalisierung des Expertenwissens die Problemstellung und die zugehörige, konkrete Lösung erfasst. Somit sind jeweils die nicht erfüllte Produkteigenschaft vor der Änderung und die konkreten Produktmerkmale nach der Änderung externalisiert, um die gewünschte Produkteigenschaft zu erreichen. Der Lösungsweg wird jedoch nicht externalisiert. Dieser umfasst das implizite (Erfahrungs-)wissen des Fachexperten, auf welche Weise aus der nicht erfüllten Soll-Eigenschaft eines Bauteils die zur Problemlösung beitragenden Produktmerkmale erarbeitet werden.

PETERS stellt in seiner Dissertation [Pet04] einen semantischen Ansatz vor, um die interdisziplinäre Kooperation zwischen Designern und Ingenieuren zu verbessern. PETERS Motivation ist hierbei die Problematik, dass disziplinspezifisches Denken bisweilen den neutralen Wissenstransfer behindere und dass methodische Ansätze in diesem Bereich bislang fehlten. Der Ansatz von PETERS für diese Problemstellung ist die Darstellung und Beschreibung der kreativen Prozesse des Designs unter Berücksichtigung der ingenieurtechnischen Semantik. Der Ansatz widmet sich dementsprechend der Kommunikationsproblematik interdisziplinärer Produktentwicklungen, wie in Abschnitt 2.2 beschrieben.

In seiner Ausarbeitung untersucht PETERS den Kreativitäts- und Kommunikationsprozess zwischen Ingenieuren und Designern auf systemtechnischer Ebene. Von besonderer Relevanz für die vorliegende Ausarbeitung ist die Vorstellung von gedanklichen Netzwerken, wie beispielhaft in Abbildung 3.8 verdeutlicht.

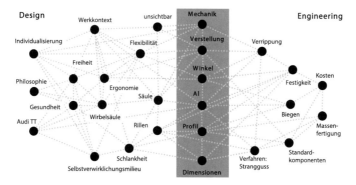

Abbildung 3.8: Semantisches Beispielnetz [Pet04, S. 94]
(Nachdruck mit Genehmigung des Autors)

Die gedanklichen Netzwerke ermöglichen die Verknüpfung von ingenieurtechnischen Produkteigenschaften und –merkmalen mit den Produktassoziationen des Designs. In dem dargestellten Beispiel zu einem Bürostuhl wird die Verknüpfung beider Disziplinen über die hervorgehobenen Produktmerkmale deutlich. Die Herangehensweise ermöglicht dabei Vollständigkeits- und Konfliktprüfungen der inneren Zusammenhänge der Produktattribute.

Der Ansatz von PETERS besticht durch seine vereinheitlichte Kommunikationskodierung. Dieser ist jedoch wegen seiner Abstraktionsebene nicht geeignet, die direkten Zusammenhänge zwischen den Merkmalen der Produktform sowie einem Abgleich von Soll- und Ist-Eigenschaften an das Produkt abzubilden.

3.1.4   Package und Konzepterstellung

Dieser Abschnitt widmet sich der geometrischen Integration von Fahrzeugkomponenten und Anforderungen. Außerdem werden rechnerunterstützte Methoden zur Konzepterstellung betrachtet.

An dieser Stelle werden die Werkzeuge CAVA und CONCEPTCAR vorgestellt. CAVA[26] ist ein kommerziell verwendetes Softwarewerkzeug für die CAD-Umgebung von CATIA V5. Das Werkzeug ermöglicht das Testen verschiedener Anforderungen an die Fahrzeuggestaltung während des gesamten Prozesses der Fahrzeugentwicklung von der Konzeptphase bis zur Homologation[27]. Als Beispiel seien etwa die geforderten Bodenfreiheiten oder die Abbildung von Sichtfeldern genannt. Die Anforderungen können direkt im CAD-System betrachtet und im Zusammenspiel mit dem aktuellen CAD-Daten des jeweiligen Fahrzeugprojekts bewertet werden. [Stj14; Tec16]

Das Augenmerk von CAVA liegt somit auf der Evaluation eines bereits bestehenden Konzeptentwicklungsstands hinsichtlich der geometrischen Integration der Komponenten – dem Package. Der Ansatz von CONCEPTCAR behandelt den Arbeitsschritt, der vor der Evaluation stattfindet – der initialen Erstellung eines Konzeptmodells. Das Ziel von CONCEPTCAR ist es, mit einer vergleichsweise geringen Anzahl Eingangsdaten ein brauchbares Konzeptmodell zu generieren. Das Generieren und Betrachten des Modells wird durch ein CAD-gestütztes Werkzeug ermöglicht. Zusätzlich sind Prüffunktionen integriert, die auf CAVA aufsetzen, um das generierte Modell auf gesetzliche und kundenspezifische Anforderungen hin überprüfen zu können. [Hir12; Die10]

Ein Ergebnis dieser automatisierten Fahrzeugkonzepterstellung ist in Abbildung 3.9 veranschaulicht. Aus den Eingangsparametern werden automatisiert Oberflächen des Technikmodells erzeugt. Dazu zählen etwa die Instrumententafelgeometrie, das Lenkrad und rudimentäre Bedienelemente. Bei der Konzeptgenerierung werden automatisch ergonomische Sichtfelder, packagerelevante Parameter oder gesetzliche Rahmenbedingungen berücksichtigt. [Ros09]

---

[26] Engl. Akronym für: CATIA V5 Automotive Extensions Vehicle Architecture.

[27] Aus dem Altgriechischen: „übereinstimmen" – hier: die Zulassung von Fahrzeugen und Fahrzeugteilen durch eine offizielle Instanz.

Abbildung 3.9: Mit ConceptCar erzeugtes Interieurkonzept [Hir08, S. 7]
(Nachdruck mit Genehmigung des Autors)

Automatische Packagechecks, wie die von CAVA, und methodische Unterstützung bei der Konzeptgenerierung, wie die von CONCEPTCAR, sind aufgrund der heutigen Fahrzeugkomplexität unverzichtbar. CAVA und CONCEPTCAR decken weite Bereiche von Packaging, Ergonomie, Gesetzesanforderungen und funktionaler Basisauslegung ab. Am Beispiel des Exterieurs ist in Abbildung 3.10 die Integration des Designs mit Hilfe von Grenzflächen illustriert. Analog zu dem in Abbildung 3.9 dargestellten Interieurkonzept können anhand von Parametern technische Exterieurflächen und Randbedingungen für den Designprozess erzeugt werden. Die von den Designern gestalteten Exterieurflächen lassen sich durch eine nachträgliche Integration in das Modell überprüfen. [Die10]

Abbildung 3.10: Schema der Designintegration in ConceptCar [Die10, S. 8]
(Nachdruck mit Genehmigung des Autors)

Trotz der genannten Vorteile ist eine engere Prozessintegration der jeweils aktuellen Oberflächen des Designs anzustreben. Dies ist insofern von Bedeutung, da in dem Werkzeug lediglich stark vereinfachte Designflächen berücksichtigt werden [Ros09]. Die Bewertungsfunktionen des Werkzeugs können aus diesem Grunde keine Bewertung von Radien, Verprägungen oder Oberflächenorientierung umsetzen [May12]. Weiterhin ist kein Moduswechsel zwischen stofflichen und nicht-stofflichen Designmodellen vorgesehen.

KUCHENBUCH befasst sich als Kernthema in [Kuc12] mit der Topologie- und Gestaltoptimierung von Fahrzeugkonzepten. Besonderes Augenmerk wird dabei auf neue, unkonventionelle sowie elektrifizierte Fahrzeugkonzepte gelegt, die neue Gestaltungsfreiräume ermöglichen. KUCHENBUCH identifiziert in diesem Zusammenhang elf maßgebende Fahrzeugeigenschaften mit besonderer Relevanz für Kunde und Konzept und fasst diese in einem eigenschaftsorientierten Parametermodell zusammen. Dazu wird ein 2,5-D-Packagemodell vorgestellt, welches anhand der Eingangsparameter eine Variantenauswahl zugehöriger Fahrzeugtopologien erzeugen kann. Die erzeugten Fahrzeugtopologien können in einem folgenden Prozessschritt anhand evolutionärer Algorithmen[28] auf gewünschte Zieleigenschaften hin optimiert werden. Durch die Ableitung von Pareto-Fronten[29] und spezifischen Kennzahlen wird dem Anwender die Möglichkeit gegeben, die erzeugten Konzeptalternativen umfassend zu vergleichen.

Bei der Modellerstellung des vorgestellten parameterbasierten Fahrzeugmodells führt KUCHENBUCH eine Literaturrecherche zur Identifikation relevanter Parameter durch. In diesem Zuge werden Design und Styling als relevante Fahrzeugeigenschaften in der frühen Konzeptphase identifiziert. Da diese Aspekte auch nach KUCHENBUCH „[…] *in besonderem Maße durch subjektive Wahrnehmung geprägt sind* […]" [Kuc12, S. 55], werden sie in dem betrachteten Umsetzungsumfang nicht berücksichtigt.

In seiner Dissertation [Raa13] untersucht RAABE die inneren Abhängigkeiten der Maßketten von Fahrzeugkonzepten. Aus den Zusammenhängen dieser inneren Abhängigkeiten wird ein Werkzeug zur Generierung konsistenter Maßkonzepte vorgestellt, welches auf Basis von eingegeben Zielkriterien und Anforderungen arbeitet. Ein weiteres Ziel des Werkzeugs ist es, allgemeingültige Designvorgaben in einer CAD-Umgebung darstellen zu können. Zu diesem Zweck wird eine Abhängigkeitsmatrix der betrachteten Konzeptparameter und zugehörigen Maßkettengleichungen vorgestellt, wobei in Summe 166 Maße als Konzeptparameter definiert werden. Der Verkettungsansatz wird darauf aufbauend von RAABE in ein rechnergestütztes Werkzeug überführt, der zusätzlich zu der Ausgabe einer parametrischen Modellstruktur der Designvorgaben und des Maßkonzeptes eine Anbindung an CAVA und RAMSIS[30] erlaubt. Zusätzlich ist hervorzuheben, dass die Maßkonzeptgenerierung nicht einem starren Muster folgt, sondern dem An-

---

[28] Ein von der Evolution natürlicher Lebewesen inspiriertes Optimierungsverfahren.

[29] Die Menge aller Pareto-Optima.

[30] Ein dreidimensionales Menschmodell zur anthropometrisch-mathematischen Insassensimulation in einem CAD-System.

wender die Möglichkeit gibt, die Konzeptauslegung über mehrere alternative Maßketten zu beschreiben. Zusammenfassend handelt es sich bei dem Ansatz um eine teilautomatische Maßkonzept- und Designgrenzflächengenerierung.

Der Ansatz von RAABE strebt eine Unterstützung der Maßkonzeptdefinition und -auslegung an, was sich in der Zielbeschreibung zeigt:

> „[...] so kann das Maßkonzept im Kontext von Designflächen, Packagegeometrien oder bestehenden Fahrzeugkomponenten untersucht werden. Ist ein optimaler Kompromiss gefunden, erfolgt die automatische Ableitung standardisierter Designvorgaben." [Raa13, S. 145]

Dieser Auszug spiegelt den Anwendungsbereich des Methodenansatzes wider. So wird zwar auf Designflächen eingegangen, die zum Prozesszeitpunkt der Konzeptauslegung schon bestehen, die Eingangsgrößen für den Ansatz sind jedoch die eingangs definierten 166 Maße der Konzeptparameter. Aus Prozess- und Methodensicht ist eine tiefere Integration der Designflächen wünschenswert.

3.2 Bewertung der Ansätze

In den vorangegangen Abschnitten 3.1.1 bis 3.1.4 wurden besonders relevante Forschungsansätze in Bezug auf Fahrzeugkonzeption und Formgestaltung vorgestellt und deren Vor- und Nachteile dargelegt. In diesem Abschnitt sollen die betrachteten Ansätze bezüglich der in Abschnitt 1.1 geschilderten Motivation bewertet werden.

3.2.1 Kriterien

Ausgehend von den Ausführungen in den Abschnitten 1.1 und 2.2.3 hinsichtlich der Anforderungen an Formgestaltung und Anforderungsberücksichtigung im automotiven Formfindungsprozess werden folgende Kriterien zur Bewertung herangezogen:

Prozesszeitpunkteignung Das Kriterium bewertet, ob die Methode für den betrachteten Prozesszeitpunkt der Formfindung geeignet ist. So müssen einerseits die für die Methode benötigen Eingangsparameter während des Formfindungsprozesses bereits vorliegen, andererseits muss eine Methode das vorliegende Designmodell als Eingangsparameter nutzen und nicht als nachgelagerten Prozessinhalt definieren.

Unschärfe Das Kriterium der Unschärfe beschreibt, ob der zeitliche Verlauf der Design- und Technikkonvergenz bei der Evaluierung der Designoberflächen berücksichtigt wird. So muss die Bewertung der Anforderungserfüllung nicht nur die Anforderung sowie das zu evaluierende Objekt – die Designoberfläche – berücksichtigen. Auch muss der aktuelle Prozesszeitpunkt und somit das benötigte Niveau der Design- und Technikkonvergenz betrachtet werden. Dazu zählt auch die Abschätzung, ob eine Anforderungserfüllung durch die bestehenden technischen und designmäßigen Lösungen durch Weiterentwicklung realistisch erscheint.

Intuitivität Das Kriterium Intuitivität beschreibt im Zusammenhang der Methodenbewertung die sinnfällige Nutzung und den Einsatz bei der Formfindung am Designmodell.

Integration Das Kriterium der Integration beschreibt, ob das Einfügen einer Methode in bestehende Formfindungsmodelle möglich erscheint.

Moduswechsel Der Moduswechsel beschreibt die Möglichkeit der Methodenanwendung sowohl bei stofflichen als auch nicht-stofflichen Modellen.

Gleichwertigkeit Das Kriterium der Gleichwertigkeit erfasst die Stellung von Technik und Design bei einer Methode zueinander. Das Ziel muss die Gleichberechtigung von Design und Technik sein.

3.2.2   Diskussion

In Tabelle 3.1 werden die vorgestellten Methoden anhand der erläuterten Kriterien einander gegenübergestellt. Die Methoden sind entsprechend der Vorstellung in den vorangegangenen Abschnitten in den vier Themenblöcken *Eingabe*, *Visualisierung*, *Anforderungen* sowie *Package* geordnet. Zusätzlich wird der Kriterienerfüllungsgrad der Methoden aufgezeigt. Neben *erfüllt*, *teilweise erfüllt* und nicht *erfüllt* wird auch gekennzeichnet, ob ein Kriterium auf eine Methode *nicht anwendbar* ist. So kann etwa das Bewertungskriterium Gleichwertigkeit nicht sinnvoll auf Eingabemedien oder Visualisierungsansätze angewendet werden, obwohl es große Wichtigkeit bei der Bewertung von Anforderungs- oder packagebezogenen Methoden hat. Weiterhin werden zu jeder Methode zusätzliche Bemerkungen und die jeweils wichtigsten Eigenschaften dargestellt.

Die *Werkzeugvirtualisierung mit haptischer Rückmeldung* ermöglicht die Überführung bekannter Eingabewerkzeuge der stofflichen Modellierung in die rechnergestützte Produktentwicklung. Der Ansatz hat jedoch Defizite bei der korrekten Abbildung des Werkstoffes Clay. Die Zeitpunktrelevanz, Intuitivität und

Integration in nicht-stoffliche Designmodelle ist somit erfüllt. Da keine Anforderungen betrachtet werden, sind die Kriterien Unschärfe und Gleichwertigkeit nicht bewertbar. Da die Methode eine Abbildung bekannter stofflicher Werkzeuge darstellt, ist auch der Moduswechsel nicht bewertbar.

Tabelle 3.1: Bewertung ausgewählter Forschungsansätze in Bezug auf das in Abschnitt 2.2 identifizierte Spannungsfeld

	Methoden	Zeitpunktrelevanz	Unschärfe	Gleichwertigkeit	Integration	Moduswechsel	Intuitivität	Bemerkungen und Eigenschaften
Eingabe	Werkzeugvirtualisierung (Haptisch) [Tod13]	+	ø	ø	+	ø	+	+ Bekannte Werkzeuge – Anwendbarkeit Clay
	Werkzeugvirtualisierung (flexibel) [Tch05]	+	ø	ø	+	ø	+	+ Bekannte Werkzeuge – Praktikabilität hapt. Rückmeldung
	Styluseingabe [Zam14]	+	ø	ø	+	–	+	+ Sinnfälligkeit Nutzerschnittstelle – Flächenqualität
Visualisierung	Verschmelzung Clay/Daten [Poh09]	+	ø	ø	+	+	o	+ Virtuelle Daten im Designmodell – Flächenbewertung
	Intuitive Wissensvisualisierung [Beu05]	+	ø	ø	+	–	+	+ Informationsdarstellung – Eignung für stoffliche Modelle
	AR in der Automobilindustrie [Bad12]	+	ø	ø	+	+	o	+ virtuelle Daten im Designmodell – Abbildung von Soll-Eigenschaften
Anforderungen	Packagefeatures [Ges01]	+	–	–	+	–	+	+ Visualisierung von Anforderungen – Gefahr des End-of-Pipe-Designs
	Wissenserfassung in Änderungsprozessen [Fur14]	+	ø	ø	–	–	o	+ Prozessgerechte Wissenserfassung – Abbildung von Ist-Merkmalen
	Semantische Verknüpfung Design/Ingenieur [Pet04]	+	ø	+	–	–	o	+ Vereinheitlichte Semantik – Abstraktionsebene
Package	Designgrenzflächen [Raa13]	o	–	–	+	–	+	+ Grafische Anforderungsdarstellung – Integration von Designflächen
	Packageoptimierung [Kuc12]	–	–	–	+	–	+	+ Freiräume neuartiger Konzepte – Berücksichtigung Design
	Anforderungsüberprüfung und Package [Hir12; Die10]	o	–	–	+	–	+	+ Komplexitätszusammenhänge – Berücksichtigung Design

Legende: + erfüllt, o teilweise erfüllt, - nicht erfüllt, ø nicht anwendbar

Die *Werkzeugvirtualisierung mit flexibler Eingabegeometrie* bildet bekannte Werkzeuge des stofflichen Modellierens in rechnergestützte Modellierumgebungen ab. Die Kriterien für Zeitpunktrelevanz, Integration sowie Intuitivität sind somit abgedeckt. Es werden keine Anforderungen betrachtet und es existieren stoffliche Äquivalente der Werkzeuge, weshalb die übrigen Kriterien nicht bewertet werden.

Die Methode zur *Styluseingabe in Polygonmodellen* zeichnet sich durch eine nutzergerechter Eingabeweise als klassische WIMP-Ansätze aus. Nachteilig ist, dass nicht die Flächenqualität der *NURBS*[31]-Modellierung erreicht wird. Die Kriterien Zeitpunktrelevanz, Integration sowie Intuitivität sind erfüllt. Da keine Anforderungen betrachtet werden, sind die Kriterien Unschärfe und Gleichwertigkeit nicht bewertbar. Das Kriterium Moduswechsel wird nicht erfüllt, da ein Überführen der Methode in stoffliche Designmodelle nicht ohne weiteres möglich erscheint.

Die Ansätze zu *Augmented Reality* von POHL und BADE zeichnen sich durch die Fähigkeit zur Darstellung nicht-stofflicher Daten in stofflichen Designmodellen aus. Die Zeitpunktrelevanz ist jeweils erfüllt, wie auch die Kriterien Integration und Moduswechsel. Der Ansatz von POHL erlaubt keine Flächenbewertung durch Glanzlichter, wohingegen der Ansatz von BADE keine Soll-Eigenschaften abbildet. Aus diesen Gründen erfüllen beide Methoden das Kriterium Intuitivität nur teilweise. Da in den diskutierten Ansätzen keine Anforderungen betrachtet wurden, sind die Kriterien Unschärfe und Gleichwertigkeit nicht bewertbar.

Die *Intuitive Wissensdarstellung* von BEUTHEL ermöglicht die verbesserte Kommunikation von technischem Wissen. Allerdings ist die Methode nicht direkt für stoffliche Modelle geeignet. Zusätzlich wird nur Wissen bezüglich der Ist-Merkmale behandelt. Wissenskommunikation hinsichtlich der Soll- und Ist-Eigenschaften wird nicht betrachtet, weshalb Unschärfe und Gleichwertigkeit nicht bewertet werden. Die Kriterien Zeitpunktrelevanz, Intuitivität und Integration können als erfüllt angesehen werden.

Der Ansatz der *Packagefeatures* von GESSNER ermöglicht die graphische Darstellung von Anforderungen an das Design aus Packagesicht. Der Ansatz birgt jedoch die Gefahr der Beförderung des End-of-Pipe-Designs. Daher werden die Kriterien zur Zeitpunktrelevanz und Integration in die Designmodelle sowie die Intuitivität erfüllt. Demgegenüber werden die Kriterien Unschärfe und Gleich-

---

[31] Engl. Akronym für **n**on-**u**niform **r**ational **B**-**S**plines: mathematisch definierte Kurven, welche der Modellierung von Freiformflächen dienen.

wertigkeit als nicht erfüllt angesehen. Da die Methode nur bei nicht-stofflichen Modellen anwendbar ist, wird das Kriterium Moduswechsel nicht erfüllt.

Die *Wissenserfassung in Änderungsprozessen* von FURIAN würde das systematische Sammeln und Formalisieren von Expertenwissen während der Formfindung ermöglichen, weshalb die Zeitpunktrelevanz erfüllt wird. Allerdings liegt das Augenmerk des Ansatzes auf der Dokumentation des Änderungsverlaufs von Ist-Merkmalen. Daher sind die Kriterien Unschärfe und Gleichwertigkeit nicht bewertbar und das Kriterium Intuitivität wird nur teilweise erfüllt. Eine Integration in Designmodelle sowie der Moduswechsel werden nicht erfüllt.

Die *Semantische Verknüpfung* von PETERS des Design- und Ingenieurswissens vereinheitlicht die Kommunikationskodierung, weshalb die Zeitpunktrelevanz gegeben und eine Gleichwertigkeit beider Disziplinen erfüllt wird. Allerdings lassen sich, aufgrund des Abstraktionsgrades des Ansatzes, die Soll- und Ist-Eigenschaften in Designmodellen nicht direkt vergleichen. Daher kann das Kriterium der Unschärfe nicht bewertet und die Intuitivität nur als teilweise erfüllt angesehen werden. Eine Integration in Designmodelle und ein Moduswechsel ist mit dem Ansatz nicht erfüllbar.

Der von RAABE vorgestellte Ansatz zur Erzeugung von *Designgrenzflächen* ermöglicht ähnlich dem Ansatz von GESSNER eine graphische Darstellung von Anforderungen an das Design. Der Fokus liegt im Gegensatz zu GESSNER auf der automatisierten Erzeugung der Flächen aus den Einflussparametern des Packages. Der Ansatz zielt auf eine (Teil-)Automatisierung der Maßkonzepterstellung ab, welche zum Großteil vor der Formfindung stattfindet. Daher ist die Zeitpunktrelevanz nur teilweise gegeben und die Integration von vorhandenen Designflächen nicht möglich. Die erzeugten Grenzflächen erfüllen weiterhin nicht das Kriterium der Unschärfe und prozesszeitpunktbedingt nicht das Kriterium der Gleichwertigkeit. Die erzeugten Grenzflächen lassen sich in nicht-stoffliche Designmodelle integrieren und sind intuitiv nutzbar. Der Ansatz berücksichtigt jedoch keinen Moduswechsel in stoffliche Modelle.

Die *Packageoptimierung* nach KUCHENBUCH ist im Prozessablauf deutlich vor der eigentlichen Formfindung angesiedelt, weswegen der Ansatz nicht das Kriterium der Zeitpunktrelevanz erfüllt. Zu diesem Zeitpunkt werden, abgesehen von den Dimensionen, nur sehr grob Anforderungen an die Soll-Eigenschaften der Fahrzeugoberflächen definiert. Zusätzlich klammert KUCHENBUCH das Design als Eingangsparameter in seinem Ansatz aus. Aus diesem Grunde werden die Kriterien zur Unschärfe und Gleichwertigkeit nicht erfüllt. Dennoch lassen sich die ermittelten Freiräume für Designmodelle in rechnergestützte Modellierungs-

umgebungen integrieren und auf intuitive Weise in CAS nutzen. Ein Moduswechsel zu stofflichen Modellen hingegen ist nicht vorgesehen.

Die Ansätze CAVA und CONCEPTCAR zur Packageerstellung und Anforde-
rungsüberprüfung berücksichtigen die komplexen Zusammenhänge des Packages und des Designs mit den daraus folgenden Anforderungen an die Ist-
Eigenschaften und Ist-Merkmale der Designoberfläche. Die Tätigkeiten zur
Konzeptpackageerstellung sind von der Zeitpunktrelevanz bei der Formfindung
nur teilweise von Bedeutung. Weiterhin wird in den Ansätzen das Design als
vereinfachte Geometrie dargelegt, weshalb die Kriterien zu Unschärfe und
Gleichwertigkeit nicht erfüllt werden können. Die bei den Ansätzen erzeugten
CAD-Daten lassen sich in nicht-stoffliche Designmodelle integrieren und intuitiv
nutzen. Es ist jedoch kein Moduswechsel in stoffliche Modelle vorgesehen.

3.2.3   Zusammenfassung und Fazit

Die in Abschnitt 3.2.2 diskutierten Methodenansätze weisen wiederkehrende
Charakteristiken auf, was Tabelle 3.1 verdeutlicht. So wird insbesondere das
Kriterium der *Unschärfe* in keinem der bewerteten Ansätze erfüllt. Dies ist insofern von großer Relevanz, da das Zusammenführen von qualitativen Anforderungen des Designs und den quantitativen Anforderungen aus technischen und
ökonomischen Randbedingungen, wie in Abschnitt 2.2 beschrieben, eine der
Kerntätigkeiten während der automobilen Formfindung ist.

Auch das Kriterium der *Gleichwertigkeit* zwischen den qualitativen und quantitativen Anforderungen wird lediglich in dem Ansatz von PETERS zufriedenstel-
lend erfüllt. Die übrigen bewerteten Ansätze fokussieren stark auf technische
Rahmenbedingungen und weisen dem Automobildesign eine eher nachgelagerte
Stellung zu. Dies steht im Widerspruch zu der angestrebten, gemeinsamen Ausarbeitung der skulpturalen Fahrzeuggestalt und der Fahrzeugtechnik[32].

Hinsichtlich der Erfüllung des Kriteriums der *Intuitivität* werden zwei Aspekte
deutlich. Wie zu erwarten, lassen sich die Ansätze von TODA, ZAMMIT und
TCHEBETCHOU sinnfällig während der Bearbeitung von nicht-stofflichen Designmodellen einsetzen. Das bereits angesprochene Kriterium der *Integration* in
Designmodelle wirkt sich auch auf die *Intuitivität* aus. Methodenergebnisse in

---

[32] Diese Defizite zum allgemeinen Zusammenarbeitsprozesses zwischen Designern und
Ingenieuren werden z. B. von BAIER in [Bei13] und von GÖTZ in [Göt08] betrachtet.

Form von Geometrien lassen sich nach einer Verknüpfung mit den Oberflächenmodellen des Designs sinnfällig nutzen.

Bezüglich der *Integration* der Methoden in bestehende Designmodelle lassen sich drei grundsätzliche Kernaussagen treffen:

- TODA, ZAMMIT und TCHEBETCHOU zeigen mit Ihren Ansätzen, dass bekannte, stoffliche Modellierwerkzeuge für die rechnergestützte Formfindung ertüchtigt werden können.

- POHL und BADE zeigen, dass sich virtuelle (Design-)Daten und stoffliche Modelle per Augmented Reality sinnfällig zusammenführen lassen und zusätzlich auch ein Moduswechsel zwischen stofflichen und nicht stofflichen Modellen ermöglicht wird.

- Bei der Betrachtung der Ausarbeitungen von GESSNER, RAABE, KUCHENBUCH, HIRZ und DIEDRICH zeigt sich, dass für eine *Integration* in bestehende Designmodelle 3D-CAD lesbare Ergebnisdaten vorliegen müssen. Dies zeigen die Ausarbeitungen von FURIAN und PETERS, welche Daten und Ergebnisse liefern, die vom Abstraktionsgrad keine Geometrien sind und sich nicht unmittelbar in Designmodelle *integrieren* lassen.

3.3   Handlungsbedarfe und Zielsetzung

In Abschnitt 3.2.3 wurden die Defizite der diskutierten Ansätze in Bezug auf deren Anwendung bei der Formfindung erläutert. Anhand der Ausführungen wird der Handlungsbedarf zur Verbesserung der Verknüpfung qualitativer und quantitativer Anforderungen im Designprozess deutlich. Dieser Handlungsbedarf lässt sich durch zwei Arbeitspunkte aufgliedern:

- Verknüpfung qualitativer und quantitativer Anforderungen

- Verknüpfung stofflicher und nicht-stofflicher 3D-Designmodelle

Eine Methode muss dazu beide Fragestellungen gemeinsam erfüllen. Im Folgenden werden beide Gliederungspunkte des Handlungsbedarfs aufgezeigt.

3.3.1   Verknüpfung qualitativer und quantitativer Anforderungen

In Abschnitt 2.2.1 wurde zunächst auf die Arbeitsziele des Designs eingegangen und das Vorgehen zum Erreichen der zum jeweiligen Prozesszeitpunkt geforderten Design- und Technikkonvergenz dargelegt. Weiterhin wurden die Problemstellungen der industriellen Praxis dieses iterativen Prozesses erörtert.

Der beschriebene Abstimmprozess verdeutlicht, in Kombination mit den Bewertungen der besonders relevanten Ansätze bezüglich der Aspekte *Unschärfe* und *Gleichberechtigung*, den Bedarf nach einem Hilfsmittel. Dieses hat die Aufgabe, bei der *gleichberechtigten* Maßnahmenfindung im Konvergenzprozess der Formfindung zu unterstützen. Zusätzlich ist insbesondere der Aspekt der *Unschärfe* zu berücksichtigen, der sich aus der zeitlichen Abhängigkeit des Deltas bei dem Soll- und Ist-Vergleich ergibt. Diese Kriterien sind Kernmerkmale eines zielführenden Abstimmprozesses zwischen den technischen Merkmalen und Eigenschaften eines Fahrzeugs sowie dessen skulpturaler Form.

3.3.2   Verknüpfung stofflicher und nicht-stofflicher Modelle

Die Ausführungen in Abschnitt 3.2.2 verdeutlichen die Vorteile von Eingabewerkzeugen für stoffliche Designmodelle hinsichtlich des Kriteriums der *Intuitivität*. Zusätzlich wurden in Abschnitt 2.2 die Vor- und Nachteile der rechnergestützten Formfindung anhand nicht-stofflicher Modelle diskutiert und die Unwägbarkeiten eines rein rechnergestützten Designprozesses dargelegt. Die in Abschnitt 2.2.3 thematisierten Ausführungen von HACKER zur händischen Modellbearbeitung als signifikanter Kreativitätshelfer unterstreichen diese Vorbehalte. Sofern keine intuitive Direktheit zwischen den schaffenden Händen und dem denkenden Gehirn des Gestalters vorhanden ist, können die Nachteile eines WIMP-Arbeitsplatzes nicht überwunden werden. Zusätzlich muss die endgültige Bewertung eines dreidimensionalen Modells durch dreidimensionale Bilder erfolgen können[33]. Diese Probleme bestehen auch dann weiter, wenn Nachwuchsgestalter die Arbeit an nicht-stofflichen Designmodellen bereits während der Ausbildung erlernen[34].

Ein methodisches Hilfsmittel muss dementsprechend die Anforderungen der Flächenbewertbarkeit und intuitiver Modelleingabe der stofflichen Designmodel-

---

[33] Vgl. Abschnitt 2.2.3 und 3D-2D Abbildungsproblematik in [Kur07, S. 92].

[34] Vgl. mit den von LENDER und ZAVESKY in [Len16, S. 146] und [Zav12, S. 13] beschriebenen Problemstellungen.

le nachbilden. Eine Lösung, welche die visuellen Eindrücke eines Modells ausreichend nachbildet und die Vorteile der Modellierung stofflicher Designmodelle
abbilden kann, ist zum heutigen Zeitpunkt nicht bekannt.

Im Zuge der fortschreitenden Digitalisierung und der mit ihr einhergehenden
Herausforderungen ist bei einer Nutzung von stofflichen Designmodellen eine
enge Verknüpfung mit virtuellen Daten nötig. Diese ist bei einem konventionellen und in Abschnitt 2.2.3 beschrieben *Reverse Engineering Formfindungsprozess* nicht gegeben. Zusammenfassend besteht der Bedarf an einem Hilfsmittel,
welches virtuelle Daten in stoffliche Designmodelle integriert, sodass weiterhin
die Vorteile stofflicher Designmodelle bei der Formfindung vorhanden und
gleichzeitig eine enge Anbindung an die Prozesspartner der Entwicklung gegeben ist. An dieser Stelle sei auf das Kriterium des *Moduswechsel* verwiesen. Die
von BADE und POHL geschilderten Ansätze zur Nutzung von Augmented Reality
ermöglichen das Verschmelzen virtueller Daten und stofflicher Modelle.

3.3.3   Zielsetzung

Aus der industriellen Praxis ergibt sich das in Abschnitt 1.1 formulierte Bedürfnis nach einer Verbesserung des Zusammenarbeitsprozesses zwischen Designern
und Ingenieuren. Dazu wurde zunächst im Abschnitt 2.2.1 das Spannungsfeld
zwischen der technischen und der skulpturalen Gestaltung eines Fahrzeugs dargelegt. Darauf aufbauend wurden in Abschnitt 3.1 besonders relevante Forschungsansätze hinsichtlich dieser Thematik diskutiert. In Abschnitt 3.3.1 und
3.3.2 wurden infolgedessen die Handlungsfelder für einen Methodenansatz beschrieben, um der identifizierten Forschungslücke zu begegnen.

Abschließend soll nun an dieser Stelle die Problemstellung und die Zielsetzung
für den Methodenansatz zusammengefasst werden.

Problemstellung Im Zuge der Oberflächengestaltung im Fahrzeugdesign müssen Zielkonflikte zwischen den quantifizierbaren Anforderungen der technischen Entwicklung und den qualitativen Anforderungen an die Fahrzeugform, dem Design, überwunden werden. Zur projektübergreifenden
Effizienzsteigerung dieser Zielkonflikte bedarf es eins methodischen Hilfs-
mittels.

Zielsetzung Die zunehmende Fahrzeugkomplexität und fortschreitende Digitalisierung von Designprozessen erfordert ein Umdenken. Es soll eine Methodik entwickelt werden, die technische Inhalte verschiedenster Abstraktionsgrade für den Designprozess aufbereitet. Die Methodik muss übergreifend
für stoffliche und nicht-stoffliche Designmodelle anwendbar sein.

4 Konzeption eines Methodenansatzes

4.1 Ansatz

In Abschnitt 3.1 wurden sowohl die Verknüpfung von qualitativen und quantitativen Anforderungen als auch stofflicher und nicht-stofflicher 3D-Designmodelle als Handlungsbedarfe identifiziert. Diese zweiteilige Gliederung soll im Folgenden bei der Beschreibung eines Methodenansatzes beibehalten werden. Zunächst wird die Harmonisierung der qualitativen Designanforderungen und der quantitativen Technikanforderungen betrachtet. Darauf folgend wird die modellmodusübergreifende[35] Anforderungsvisualisierung mit Designschwerpunkt dargelegt.

4.1.1 Harmonisierung von quantitativen und qualitativen Anforderungen

Entsprechend der Ausführungen in Abschnitt 2.2.1 sind Anforderungen an die Oberflächengestaltung seitens des Designs üblicherweise qualitativer Natur. Demgegenüber stehen quantitative Anforderungen und Randbedingungen seitens der Technik. Rechnergestützte Entwurfsmethoden zur Optimierung von Systemen mit vernetzten Parametern setzen jedoch zwangsläufig quantitative Werte voraus. Deshalb lassen sich qualitative Designanforderungen, wie zum Beispiel *markencharakteristisch* oder *sportlich*, aufgrund ihrer subjektiven Bewertbarkeit in diesen Methoden nicht direkt berücksichtigen [Kuc12, S. 55]. Eine vollständige Quantifizierung der Designanforderungen der skulpturalen Gestaltung eines Automobils scheint trotz bestehender Ansätze[36] nicht absehbar.

Auch aus diesem Zusammenhang kann gefolgert werden, dass zur gemeinsamen Bewertung von qualitativen und quantitativen Anforderungen von Designmodellen der Mensch als Problemlöser weiterhin eine Schlüsselrolle innehat. Dieser Schluss wird durch Untersuchungen[37] zur Abbildung der Kreativvorgänge des Konstruktionsprozesses durch Algorithmen gestützt.

---

[35] Übergreifend für stoffliche und nichtstoffliche Designmodelle – vgl. [Kur07].

[36] Vgl. etwa KRASTEVA in [Kra16] und TUMINELLI in [Tum14].

[37] FRANKE weist in [Fra76] nach, dass nicht alle Tätigkeiten im Konstruktionsprozess algorithmierbar sind, was auch WEBER in [Web11b, S. 7] beschreibt.

© Springer Fachmedien Wiesbaden GmbH, ein Teil von Springer Nature 2018
U. Feldinger, *Hybride Modellnutzung in der automotiven Formfindung*,
AutoUni – Schriftenreihe 129, https://doi.org/10.1007/978-3-658-23452-2_4

Aufgrund der beschriebenen Problemstellung ist eine direkte Zieloptimierung untereinander abhängiger qualitativer und quantitativer Anforderungen an die Oberflächengestaltung des Designs kaum möglich. Die Zieloptimierung erfolgt in der Praxis erst nach der Überführung der *Soll-Eigenschaften* des Designs in eine konkrete geometrische Gestalt. Durch diesen Zwischenschritt können qualitativ und quantitativ formulierte Anforderungen in Form von Soll-Eigenschaften harmonisiert werden. Dies ist in Abbildung 4.1 illustriert.

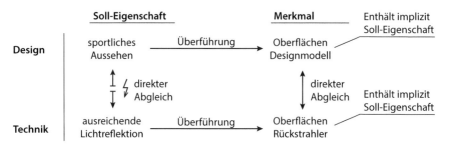

Abbildung 4.1   Abgleich von Produkteigenschaften über Produktmerkmale

Die Abbildung beschreibt, dass sich eine qualitativ formulierte Soll-Eigenschaft, wie beispielsweise *sportliches Aussehen*, nicht direkt mit der durch einen Zahlenwert beschreibbaren Anforderung seitens der Technik nach einer ausreichenden Lichtreflektion abgleichen lässt. Für diesen direkten Abgleich müssen die Soll-Eigenschaften von Design und Technik zunächst in *Oberflächen* mit ihren geometrischen *Merkmalen* überführt werden. Nun kann ein Abgleich mit der implizit enthaltenen Anforderung nach ausreichender Lichtreflektion in Form einer benötigten Rückstrahlerfläche durchgeführt werden.

Dies liegt daran, dass beide Merkmale sowohl die jeweils zugrundeliegenden Soll-Eigenschaften implizit enthalten als auch das gleiche Abstraktionsniveau in Form eines Oberflächenmodells aufweisen. Zur Veranschaulichung dieses Zusammenhangs im Zuge der Ansatzherleitung soll im Folgenden ein Abriss der Produktmodellierung auf Basis von Merkmalen und Eigenschaften dargelegt werden. Die verwendeten Begriffe *Eigenschaft* und *Merkmal* innerhalb der Produktentwicklung werden in [Vaj09, S. 32–33], wie folgt, definiert:

> Die Merkmale [...] erfassen die Gestalt eines Produktes, definiert durch die (Teile-)Struktur, die räumliche Anordnung der Komponenten sowie die Formen, Abmessungen, Werkstoffe und Oberflächenparameter aller Bauteile („Struktur und Gestalt", Beschaffenheit"). Wichtig ist, dass (nur) diese Parameter vom Produktentwickler direkt beeinflusst werden können.

Die Eigenschaften [...] beschreiben das Verhalten des Produktes, z. B. Funktion, Sicherheit, Zuverlässigkeit, ästhetische Eigenschaften, aber auch Fertigungs-/ Montage-/ Prüfgerechtigkeit, Umweltgerechtigkeit, Herstellkosten. Die Eigenschaften können vom Produktentwickler nicht direkt festgelegt werden, sondern eben nur über den Umweg, dass er/ sie bestimmte Merkmale ändert, welche sich in der gewünschten Weise auf bestimmte Eigenschaften auswirken.

Aus dieser Definition ergibt sich, dass die Merkmale und die Eigenschaften eines Produktes über den Vorgang von Synthese und Analyse miteinander verknüpft sind. Dieser Zusammenhang ist folgendermaßen definiert:

Synthese, Produktentwicklung: Festlegung der produktdefinierenden Parameter (Merkmale) ausgehend von vorgegebenen/ geforderten Eigenschaften.

Analyse (physisch oder „virtuell"): Bestimmung/ Vorhersage des Produktverhaltens (Eigenschaften) ausgehend von bekannten/ vorgegeben Konstruktionsmerkmalen. [Vaj09, S. 34]

Dieser Zusammenhang ist in Abbildung 4.2 illustriert. Auf der rechten Seite der Abbildung ist das Produktverhalten in seinen Eigenschaften nach Hauptgruppen[38] festgelegt. Durch eine Synthese, die zielführende Methoden und Vorgehensweisen umfasst, werden diese geforderten Eigenschaften an das Produkt in seine produktdefinierenden Daten überführt. Diese Merkmale stellen die Verstofflichung der Produkteigenschaften in einem geeigneten Modell dar.

Weiterhin wird auf der linken Seite verdeutlicht, dass das Produkt in Baugruppen, Unterbaugruppen und schließlich Bauteile aufteilbar ist. Diese einzelnen Strukturierungselemente des Produktes stehen zusätzlich untereinander über gegenseitige Abhängigkeiten im Zusammenhang. Dies gilt insbesondere für die Position und Orientierung der Elemente, welche sich geometrisch nicht überlagern dürfen, aber auch für Werkstoff-, Geometrie- oder Oberflächenparameter.

Die Summe der produktdefinierenden Merkmale kann durch eine Analyse, die geeignete Methoden und Vorgehensweisen umfasst, auf die Erfüllung der geforderten Eigenschaften des Produktes hin überprüft werden.

---

[38] Als Beispiel für die Gliederung kann beispielsweise die Einteilung nach Hauptmerkmalen von FELDHUSEN UND GROTE in [Fel13b, S. 488] herangezogen werden.

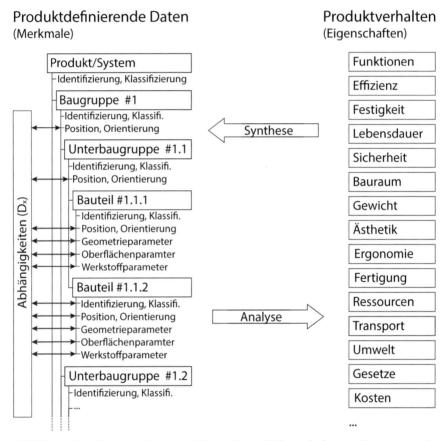

Abbildung 4.2: Zusammenhang von Merkmalen und Eigenschaften aus VAJNA ET AL. in
[Vaj09, S. 34] (Nachdruck mit Genehmigung von Springer)

Der Vorgang der Analyse und Synthese lässt sich formal als Blockschaubild
skizzieren. Dazu sind in Abbildung 4.3 entsprechend die Zusammenhänge bezüglich der Analyse und Synthese von Produktmerkmalen und Eigenschaften
dargestellt. In Tabelle 4.1 sind die zugehörigen Formelzeichen aufgeschlüsselt.

Auf der linken Seite der Abbildung wird zunächst der Ablauf der Analyse aufgezeigt. Die einzelnen Produktmerkmale C_i werden über geeignete Beziehungen
in Form von Analysemethoden R_j auf die Erfüllung der jeweils geforderten Produkteigenschaften PR_j hin überprüft. Die jeweiligen Methoden können dabei

beispielsweise informeller Natur, wie das Schätzen, oder aber formaler Natur, wie etwa rechnerbasierte Simulationswerkzeuge, sein.

Tabelle 4.1: Formelzeichen und Definitionen für die Produktentwicklung auf Basis von Eigenschaften und Merkmalen – zusammengefasst aus den Ausführungen von WEBER in [Web11a, S. 100] und VAJNA ET AL. in [Vaj09, S. 35]

Formelzeichen	Definition
C_i	Merkmale (Characteristics)
P_j	Eigenschaften (Properties)
PR_j	Geforderte Eigenschaften (Required Properties)
EC_j	Äußere Rahmenbedingungen (External Conditions)
R_i, R_j^{-1}	Beziehungen (Relations) zwischen Merkmalen und Eigenschaften
D_x	Abhängigkeiten (Dependencies, „Constraints") zwischen Merkmalen

Die Beziehungen zwischen Merkmalen und Eigenschaften sind unter Annahme äußerer Rahmenbedingungen gültig. Beispielsweise ist die Aussage über die Dauerfestigkeit einer Rohkarosserie an bestimmte Lastfälle und Betriebspunkte gebunden. Die Voraussetzung für dieses Vorgehen ist, dass einzelne Produkteigenschaften unabhängig voneinander betrachtet werden können. [Web11b]

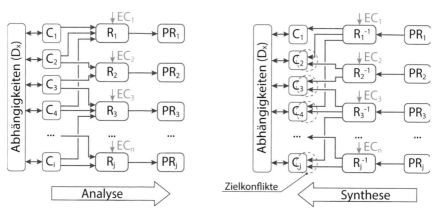

Abbildung 4.3: Veranschaulichung der Abläufe von Analyse und Synthese nach WEBER in [Web11a, S. 95] (Nachdruck mit Genehmigung von Springer)

Auf der rechten Seite von Abbildung 4.3 ist der Ablauf der Synthese dargestellt. Ausgehend von den geforderten Eigenschaften PR_j sind die Merkmale der Lösung festzulegen. Um dies umzusetzen, werden verschiedene Synthesemethoden benötigt, die durch die Invertierung der Beziehung des Analyseschrittes als R_j^{-1} symbolisiert sind. Bei den Synthesemethoden wird in der Produktentwicklung allgemein zwischen intuitiven Methoden, wie beispielsweise menschlicher Genialität, und diskursiven Methoden, wie rechnerbasierten Werkzeugen, unterschieden. Wie bei den Analysemethoden liefern auch die Synthesemethoden nur in definierten Bereichen der äußeren Randbedingungen EC_j belastbare Ergebnisse. Weiterhin verdeutlicht das Schaubild, dass sich die Synthese verschiedener Produkteigenschaften auf dieselben Merkmale auswirken kann. Im ungünstigsten Fall kommt es infolgedessen zu Zielkonflikten. So kann etwa eine geforderte Eigenschaft eine mindestens erreichte Torsionssteifigkeit sein, welche die Vergrößerung eines Geometrieparameters erfordert. Gleichzeitig kann die Forderung nach einer Verringerung des Gewichts dessen Verkleinerung anstreben. [Vaj09]

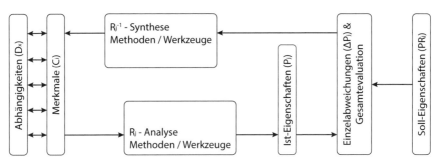

Abbildung 4.4:   Erarbeitung von Merkmalen aus der Abwechslung von Analyse, Synthese und Evaluation nach WEBER in [Web11b, S. 4]

Anhand dieser Ausführungen wird ersichtlich, dass sich die Vorgänge der Synthese und Analyse innerhalb des Produktentwicklungsprozesses abwechseln, um iterativ eine eigenschaftserfüllende Gesamtlösung zu erarbeiten. Diesen Vorgang stellt Abbildung 4.4 dar. Als Eingangsgröße dienen die Soll-Eigenschaften PR_j, die durch geeignete Synthesemethoden in die Produktmerkmale C_i überführt werden. Unter Berücksichtigung der Merkmalabhängigkeiten werden im Analyseschritt die Ist-Eigenschaften P_j bestimmt. Anhand dieser Parameter können die Einzelabweichungen ΔP_j zwischen den einzelnen Ist- und Soll-Eigenschaften bestimmt werden. Diese Einzelabweichungen fließen in eine Gesamtevaluation des jeweiligen Entwicklungsstandes ein, welcher die Basis für die Synthese der nächsten Iteration der Merkmale C_i bildet. Dieser Kreislauf wird wiederholt, bis die Einzelabweichungen gegen Null laufen ($\Delta P_j \rightarrow 0$) und in der Gesamtevaluation der Produktmerkmale die Soll-Eigenschaften erfüllt werden. Diesen Zusammenhang zwischen Synthese, Analyse und Evaluation verdeutlicht Abbildung 4.5 in einem an die Regelungstechnik angelehnten Blockschaltbild.

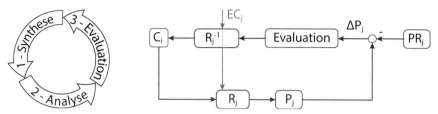

Abbildung 4.5. Zusammengefasster Ablauf aus Synthese, Analyse und Evaluation bis zum Erreichen von $\Delta P_j \to 0$ nach VAJNA ET AL. in [Vaj09, S. 45] (Nachdruck mit Genehmigung von Springer)

Neben den ersichtlichen Herausforderungen bei der Synthese von Merkmalen, deren Attribute oftmals von aus den geforderten Eigenschaften herrührenden Zielkonflikten behaftet sind, kommen hinsichtlich der Eigenschaft *Ästhetik* besondere Umstände zu tragen. So wurde in Abschnitt 2.2.1 darauf eingegangen, dass das Design in seiner Gesamtheit betrachtet und gestaltet werden muss. Daraus ergibt sich, dass sich auch kleine Änderungen an den Teilumfängen der Designaußenhaut[39] auf den ästhetischen Gesamteindruck auswirken. Zusätzlich sind alle geometrischen Merkmale der Designaußenhaut potentiell konfliktbehaftet, sofern technische Soll-Eigenschaften deren Veränderung fordern. Diese Herausforderung ist in Abbildung 4.6 illustriert.

Bezüglich der Herausforderung ist zu betonen, dass nicht nur Zielkonflikte aus den quantitativen, technischen Soll-Eigenschaften an die Gestalt der Designaußenhaut vorhanden sind, sondern auch Zielkonflikte zwischen den einzelnen qualitativen Anforderungen der Ästhetik. So können etwa die Gestaltungsprinzipien der Design-DNA[40] einem beispielsweise sehr emotionalen Fahrzeugcharakter entgegenstehen. Daraus ergibt sich, dass Designer sowohl die qualitativen Soll-Eigenschaften des Designs als auch die quantitativen Soll-Eigenschaften der Technik im Zuge der Lösung dieses interdisziplinären Zielkonflikts bei der Oberflächensynthese lösen müssen. [Fel17a]

---

[39] Die Designaußenhaut bezeichnet die vom Betrachter sichtbare, geometrische Gestalt der von dem Designer gestalteten Designflächen. Dabei werden sowohl das Fahrzeuginterieur als auch das -exterieur eingeschlossen. [Ges01]

[40] Die Design-DNA beschreibt die charakteristischen Gestaltelemente und -verhältnisse, welche das individuelle Erscheinungsbild einer Fahrzeugfamilie und Marke definieren. [Kra16]

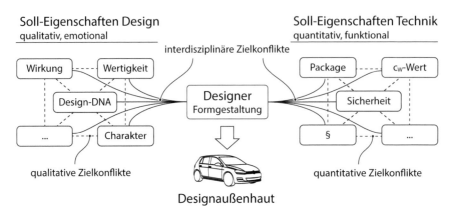

Abbildung 4.6:   Das Lösen interdisziplinärer Zielkonflikte bei der automotiven Formgestaltung der Designaußenhaut durch den Designer [Fel17a, S. 142]

In Abbildung 4.5 wurde der allgemeine Regelkreis zur Synthese geeigneter Produktmerkmale aus geforderten Produkteigenschaften nach WEBER vorgestellt.
Analog lässt sich auch das Erarbeiten der Fahrzeuggestalt abbilden. Dies ist in
Abbildung 4.7 dargestellt. In dem übergeordneten Regelkreis umfasst $PR_{FzgGestalt}$
die Gesamtheit der geforderten Eigenschaften von Technik und Design.

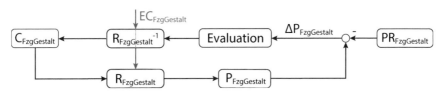

Abbildung 4.7:   Übergeordneter Regelkreis des Erarbeitens der Fahrzeuggestalt in
Anlehnung an VAJNA ET AL. in [Vaj09, S. 45]

Entsprechend der vorausgegangenen Ausführungen werden diese Eigenschaften
als Führungsgröße herangezogen. Weiterhin umfasst der Regelkreis die Regeldifferenz $\Delta P_{FzgGestalt}$, den Regler in Form von der Evaluation und den Synthesemethoden $R_{FzgGestalt}$ sowie das Messglied $R_{FzgGestalt}$. Anhand dieser Systemblö-
cke können die Merkmale der Fahrzeuggestalt $C_{FzgGestalt}$ entsprechend der
geforderten Eigenschaften eingeregelt werden.

Der übergeordnete Regelkreis lässt sich zur besseren Veranschaulichung feiner
aufschlüsseln. Dazu werden die Einzelvorgänge von Technik, Design und deren
Konvergenzprozess als Teilregelkreise mit jeweils eigenen Führungsgrößen in
Abbildung 4.8 dargestellt.

Der Teilregelkreis Design und der Teilregelkreis Technik verfügen jeweils über eine eigene Führungsgröße $PR_{DesOberfl.}$ beziehungsweise $PR_{Technik}$. In den beiden Teilregelkreisen sind weiterhin die jeweiligen Regeldifferenzen $\Delta P_{DesOberfl.}$ und $\Delta P_{Technik}$ sichtbar. In den beiden Teilregelkreisen sind die Merkmale der Design-oberflächen und des Technikmodells in Form der Regelstrecken $C_{DesOberfl.}$ und $C_{Technik}$ dargestellt. Das Technikmodell $C_{Technik}$ entspricht hierbei analog den Designflächen $C_{DesOberfl.}$ der Gesamtheit der ausarbeitenden technischen Merkmale eines Fahrzeugs. Beide Teilregelkreise enthalten außerdem die jeweiligen Analysemethoden in Form von Messgliedern $R_{Technik}$ und $R_{DesOberfl.}$ mit den zugehörigen Randbedingungen in Form von Störgrößen $EC_{DesOberfl.}$ und $EC_{Technik}$[41].

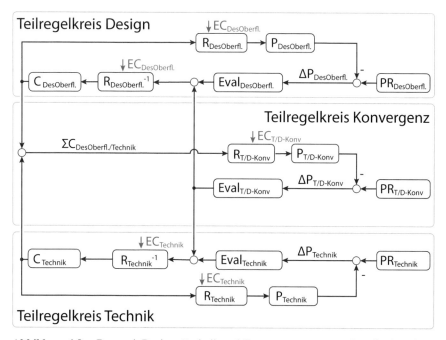

Abbildung 4.8 Der nach Design, Technik und Konvergenzprozess aufgeteilte Regelkreis der Erarbeitung der Fahrzeuggestalt. In Anlehnung an VAJNA ET AL. in [Vaj09, S. 45]

---

[41] Störgrößen im Designprozess sind z. B. die unvollständige Flächenbewertbarkeit nicht-stofflicher Designmodelle durch Modellverkürzung. Als Beispiel für Störgrößen der Technik können widersprüchliche oder unvollständige Anforderungen bei der technischen Fahrzeugauslegung genannt werden.

Beide Teilregelkreise laufen jedoch nicht unabhängig voneinander ab, sondern sind über den dritten Teilregelkreis, der Konvergenz, miteinander gekoppelt. Der Teilregelkreis Konvergenz besitzt eine eigene Führungsgröße $PR_{T/D-Konv}$. Diese Führungsgröße wurde in Abbildung 2.5 beschrieben. Sie umfasst die maximal tolerierte Abweichung zwischen den Designoberflächen und dem technischen Fahrzeugmodell. Die jeweils tolerierte Abweichung ist innerhalb des Produktentstehungsprozesses vom aktuellen Prozesszeitpunkt und Meilenstein abhängig. Somit ergibt sich, dass die Eingangsgröße des Teilregelkreises Konvergenz die Summe aus den Merkmalen der Designoberflächen und des Technikmodells $\Sigma C_{DesOberfl./Technik}$ ist. Die Konvergenzeigenschaften $P_{T/D-Konv}$ werden über die Analysemethoden in Form des Messglieds $R_{T/D-Konv}$ ermittelt und mit dem jeweiligen Soll-Wert $PR_{T/D-Konv.}$ verglichen. Die auf diese Weise ermittelte Regeldifferenz $\Delta P_{T/D-Konv.}$ wird anschließend im Regler $Eval_{T/D-Kov}$ evaluiert, was der in Abbildung 2.6 erläuterten Kompromissdiskussion entspricht. Diese gesamtheitliche Evaluation des Konvergenzstandes wirkt abschließend auf die Teilregelkreise von Design und Technik. Die Kopplung beider Regelkreise kommt somit in Form von zusätzlichen Eingangssignalen auf die Regler der Synthesemethoden $R_{Technik}^{-1}$ und $R_{DesOberfl.}^{-1}$ in den Teilregelkreisen von Design und Technik zustande.

Das beschriebene Vorgehen hat in Bezug auf die in Abschnitt 2.2 dargelegten Denk- und Handlungsabläufe beim Gestalten der Designoberflächen durch den Designer Nachteile. So werden zum einen immer nur Momentaufnahmen des aktuellen Designstandes zur technischen Bewertung herangezogen. Zum anderen liegt es in der Natur der Sache, dass eine gründliche technische Evaluation Zeit benötigt. Im Gegensatz dazu läuft in der industriellen Praxis der Wechsel zwischen Analyse und Synthese im Teilregelkreis des Designs schneller ab als im Teilregelkreis der Technik. Aus diesem Grunde ist der aktuelle Designdatenstand oftmals schon soweit überarbeitet worden, dass die evaluierten Abweichungen aus dem Teilregelkreis der Konvergenz und zugehörigen Handlungsempfehlungen schon nicht mehr aktuell sind, wenn sie dem Formgestalter zur Verfügung stehen. Dies kann zum einen zu empfindlichen Verzögerungen oder zusätzlichen Iterationsschleifen führen, sofern der Formgestalter die Designoberflächen auf technische Konvergenz hin optimiert.

Ein weiterer Nachteil ist das Abstraktionsniveau, das zur Kommunikation der evaluierten Konvergenz zwischen Design und Technik verwendet wird. Als Darstellungsform des Konvergenzniveaus werden üblicherweise zweidimensionale Schnittansichten oder verbale Änderungswünsche verwendet. Sofern dreidimensionale Datenmodelle zur Verfügung stehen, lassen sich diese nicht direkt am stofflichen Designmodell nutzen. Dies führt nach HACKER in [Hac03] zu einer Bindung von geistiger Kapazität bei dem mentalen Vorhalten dieser Informationen. Diese steht dem Formgestalter dann nicht für die eigentliche Formgestaltung zur Verfügung.

Um die soeben beschriebene Problemstellung zu umgehen, bietet es sich an, ähnlich der aus der Regelungstechnik bekannten Vorgehensweise der Vorsteuerung[42], einen weiteren Block in dem Schaubild einzufügen. Dieser beschleunigt das Erreichen der gewünschten Regelabweichung von $\Delta P_{\text{Technik}} \to 0$ und $\Delta P_{\text{Design-noberfl.}} \to 0$. Ein Beispiel dafür ist in Abbildung 4.9 aufgezeigt.

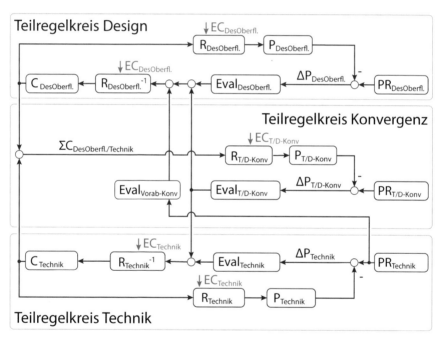

Abbildung 4.9: Analogie des regelungstechnischen Vorgehens der Vorsteuerung zur Beschleunigung der Konvergenz von Design und Technik

Die Abbildung illustriert das Vorgehen, dass, ohne auf die eigentliche technische Konvergenzbewertung warten zu müssen, der Block $\text{Eval}_{\text{Vorab-Konv}}$ als Eingangs-

---

[42] Als Vorsteuerung wird in der Regelungstechnik das Vorgehen bezeichnet, den Regler von dynamischen Eingriffen zu entlasten und das Einschwingen der Führungsanregung zu beschleunigen. [Sch15]

größe der Synthese der Designoberflächen des Designs wirkt. Basis dieser Vorabkonvergenzevaluation sind die geforderten Eigenschaften $PR_{Technik}$. Auf diese Weise wird der Zeitverzug des Teilregelkreises der Konvergenz umgangen und das schnellere Erreichen des geforderten Konvergenzstandes zwischen Design und Technik ermöglicht. Es ist an dieser Stelle zu unterstreichen, dass die eigentliche technische Bewertung des Konvergenzstandes nicht ersetzt wird. Entsprechend des Vorgehens in der Regelungstechnik kümmert sich weiterhin die Teilschleife Konvergenz um das endgültige Erreichen des geforderten $\Delta P_{T/D\text{-}Konv} \rightarrow$ 0. Die Analogie zur Vorsteuerung entfernt die Zielkonflikte zwischen Design und Technik somit nicht, sondern verbessert das Führungsverhalten des Gesamtregelkreises.

Anhand Abbildung 4.6 wurde die Problemstellung des Lösens interdisziplinärer Zielkonflikte bei der Fahrzeugoberflächengestaltung illustriert. Im weiteren Verlauf wurde mit regelungstechnischen Analogien ein methodisches Vorgehen skizziert. Bezogen auf die ursprünglich illustrierte Problemstellung stellt Abbildung 4.10 den Ansatz einer regelungstechnischen Analogie der Vorsteuerung zur Begegnung der Problemstellung dar.

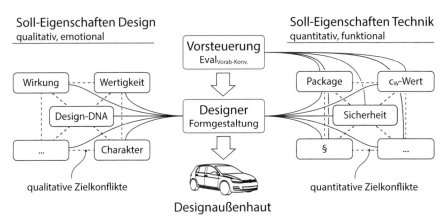

Abbildung 4.10: Unterstützung der Lösung interdisziplinärer Zielkonflikte durch ein zusätzliches Regelglied im Abstimmungsprozess zwischen Design und Technik in Anlehnung an [Fel17a, S. 142]

Die vorangegangenen Ausführungen illustrieren die prozessuale Einordung des Methodenansatzes als zusätzliches Bindeglied im Konvergenzprozess zwischen Design und Technik. Somit ergibt sich die Fragestellung nach der konkreten Gestalt des Methodenblocks Eval$_{Vorab\text{-}Konv.}$ um, entsprechend der Ausführungen von HACKER in [Hac02a], möglichst wenige mentale Ressourcen zu binden, sei im Folgenden auf das Forschungsfeld der Datenvisualisierungssysteme verwiesen.

Viele Forschungsfelder im Bereich der Rechnerunterstützung des Menschen zielen auf eine Automatisierung menschlicher Entscheidungsfindung ab. Dem gegenüber setzt die Forschung im Bereich der Visualisierungssysteme auf eine explizite Einbindung des Menschen in den Regelkreis der Entscheidungs- und Lösungsfindung, indem seine Fähigkeiten zur Wahrnehmung und Verarbeitung von Informationen erweitert werden. Das Grundprinzip dieser Vorgehensweise wird im *erweiterten Referenzmodell der Visualisierung* zusammengefasst, das in Abbildung 4.11 dargestellt ist. [Tri12]

Das abgebildete Referenzmodell wird von VAN WIJK in [Wij05] beschrieben und von JOHNSON in [Joh05] erweitert. Es beschreibt die Unterstützung der mentalen Verarbeitung großer Datenmengen durch die Unterstützung der kognitiven Wahrnehmung. Das Modell lässt sich in drei Hauptblöcke einteilen – *Daten*, *Visualisierung* und *Nutzer*. In dem Modell bilden Daten beliebiger Ausprägung die Eingangsgrößen des Systems, welche die Basis für den Hauptblock der Visualisierung bilden. Der Vorgang der Visualisierung wird durch gesetzte Spezifikationen bestimmt. Diese umfassen sowohl die genutzte Hardware, zugrundeliegende Algorithmen als auch die eigentlichen Spezifizierungsparameter der Visualisierung. Die spezifischen Parameter werden vom Nutzer eingestellt, was eine interaktive Nutzschnittstelle bedingt. Das Ergebnis des Hauptblocks der Visualisierung ist das aus den Daten und spezifischen Parametern erzeugte *Bild*. Dieses erzeugte Bild wirkt auf den Hauptblock des Nutzers, indem es *wahrgenommen* und im Kontext des Nutzerwissens mental *verarbeitet* wird. Die aus diesem Prozess gewonnene *Erkenntnis* dient schließlich als Basis der Parametervariation der abschließenden Visualisierung.

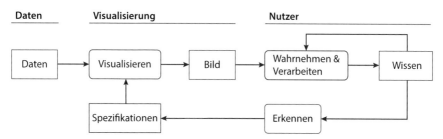

Abbildung 4.11: Erweitertes Referenzmodell der Visualisierung in Anlehnung an die Abbildung an VAN WIJK in [Wij05, S. 2]

Als Rückgriff auf den Anfang dieses Abschnitts sei daran erinnert, dass Designmodelle sowohl in ihrer stofflichen als auch nicht-stofflichen Ausprägung Oberflächenmodelle sind. Entsprechend der obigen Ausführungen zu *Wahrnehmen*,
Verarbeiten und *Erkennen* lässt sich somit auf eine Repräsentation von Soll-
Eigenschaften in Form von Oberflächen schließen. Auf diese Weise wird der
mentale Aufwand für den Erkenntnisgewinn minimiert. Dieser Zusammenhang
des Konvergenzabgleichs zwischen technischen Soll-Eigenschaften und Designoberflächen ist in Abbildung 4.12 illustriert. Die Basis bildet die *Wahrnehmung*
von technischen *Soll-Eigenschaften* in Form von Oberflächen. Die *Verarbeitung*
ist der direkte Vergleich dieser Oberflächen mit den geometrischen Merkmalen
der *Designflächen*, woraus sich die *Erkenntnis* des Konvergenzstatus in Form
einer Schnittmenge *Delta* bildet. [Fel17b]

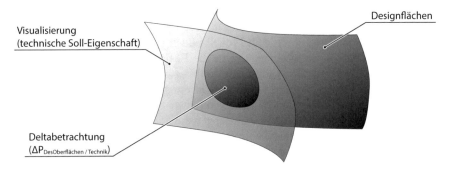

Abbildung 4.12: Ablesen der Konvergenz zwischen Designflächen und technischen
Oberflächen anhand von Oberflächenschnittmengen [Fel17b, S. 249]

Entsprechend der obigen Ausführungen ist zusätzlich ein interaktives Nutzerin-
terface für die Variation der Visualisierungsdaten und –parameter nötig. Die so
ermöglichte Parametervariation dient konkret dem Erkenntnisgewinn bezüglich
alternativer Vorschläge für die Ausprägung technischer Soll-Eigenschaften, um
einem potentiellen End-of-Pipe-Design entgegenzuwirken. Dementsprechend
sind die Anforderungvisualisierungen als Informationsquelle gedacht, um den
Formgestalter zu unterstützen, aber nicht in seiner Arbeit einzuschränken. Aufgrund dessen werden die Anforderungsvisualisierungen nachfolgend als *Leitgeometrie* bezeichnet. Es bleibt anzumerken, dass entsprechend der vorangegangen
Ausführungen ein systematisierter Datenspeicher für die zu visualisierenden
Anforderungen nötig ist. Zusätzlich muss dieser die Abhängigkeiten D_X der
relevanten Produktmerkmale und Produkteigenschaften beinhalten.

Zur anschaulicheren Beschreibung der angedachten Methodenanwendung innerhalb des in Abbildung 4.9 dargelegten Konvergenzregelkreises soll an dieser

Stelle ein knapper Vorgriff auf die Beschreibung der Methodenumsetzung in Abschnitt 5 gegeben werden. Die angedachte und vereinfacht dargestellte Methodenanwendung ist in Abbildung 4.13 skizziert. Das Beispiel beschreibt anhand fiktiver Daten die technisch nötigen Abstrahlwinkel für das Fernlicht eines Fahrzeuges. Die Designaußenhaut und die Abstrahlwinkel, welche vom Leuchtmittel im Scheinwerfer ausgehen, dürfen sich nicht überschneiden.

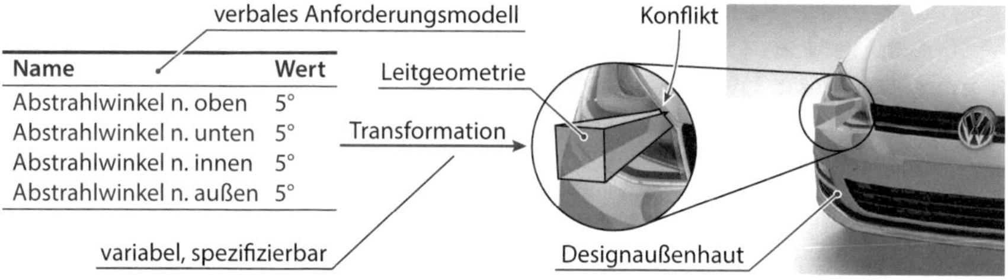

Name	Wert
Abstrahlwinkel n. oben	5°
Abstrahlwinkel n. unten	5°
Abstrahlwinkel n. innen	5°
Abstrahlwinkel n. außen	5°

verbales Anforderungsmodell
Konflikt
Leitgeometrie
Transformation
variabel, spezifizierbar
Designaußenhaut

Abbildung 4.13: Vereinfachte Darstellung der Methodenanwendung innerhalb des Konvergenzregelkreises zwischen Design und Technik

Ausgehend von einem Anforderungsmodell beliebiger Ausprägung, in diesem Fall einer verbal formulierten Anforderungsliste, findet eine Transformation statt. Diese Transformation des Anforderungsmodells ist entsprechend der Ausführungen zu Abbildung 4.11 variabel und spezifizierbar. Durch die Transformation des Anforderungsmodells wird eine sinnfällige Anforderungsvisualisierung in Form einer Leitgeometrie ermöglicht. Diese lässt sich als Oberflächenmodell direkt in das Designmodell integrieren und einen sofortigen Vergleich mit der Designaußenhaut zu. Etwaige Konfliktpunkte zwischen Anforderung und Designflächen sind sinnfällig ablesbar.

Anhand der Ausführungen wird die Abgrenzung zum klassischen, wissensbasierten CAD, wie es zum Beispiel HARRICH in [Har14] beschreibt, deutlich. KBE-basierte Ansätze streben eine möglichst automatische Einarbeitung von vorhandenem, normiertem Wissen in die konkrete Konstruktion an. Im Kontext der qualitativ bewertbaren Soll-Eigenschaften der Designaußenhaut zielen die soeben beschriebenen Leitgeometrien auf eine sinnfällige Visualisierung quantitativer, technischer Anforderungen innerhalb des Designmodells während des Formgestaltungsvorgangs ab. Somit wird dem Formgestalter ein unterstützendes Hilfsmittel zur Verfügung gestellt, das technische Anforderungen bei Bedarf visualisiert. Diese können infolgedessen effektiv bei der Formgestaltung berücksichtigt werden.

4.1.2 Modusübergreifende Nutzung durch neue Visualisierungstechnik

Ausgehend von dem in Abschnitt 4.1.1 beschriebenen Methodensatz für das Handlungsfeld der Verknüpfung von qualitativen und quantitativen Anforderungen wird im Folgenden der Übertrag des Methodenansatzes zwischen stofflichen und nicht-stofflichen Designmodellen dargelegt.

Der aufgeführte Methodenansatz zielt auf das Visualisieren von quantitativen Anforderungen als Oberflächen ab. Daraus kann gefolgert werden, dass diese bereits erzeugten Oberflächendaten innerhalb des stofflichen Designmodelles visualisiert werden müssen. Diesen Zusammenhang illustriert Abbildung 4.14 am Beispiel des in Abbildung 4.13 vorgestellten Umsetzungsvorgriffs bezüglich des benötigten Abstrahlwinkel des Fernlichts.

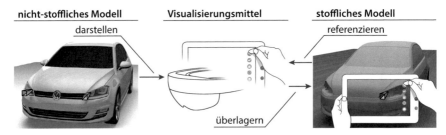

Abbildung 4.14: Ansatz der modellmodusübergreifenden Methodenanwendung

Die Abbildung stellt dabei die drei Verknüpfungspunkte des Handlungsfeldes dar: Das nicht-stoffliche Modell mit seinen Leitgeometrien, ein passendes Visualisierungsmittel sowie das stoffliche Modell. Die virtuellen Daten des nicht-stofflichen Modells können durch das Visualisierungsmittel dargestellt werden. Bis zu diesem Punkt entspricht dies der Ausprägung konventioneller CAS- oder CAD-Systeme. Zusätzlich kann über eine *Referenzierung* die relative Lage zwischen dem Visualisierungsmittel[43] und dem stofflichen Modell bestimmt werden. Somit kann eine perspektivisch korrekte Überlagerung von virtuellen Daten und

---

[43] Der Schwerpunkt der vorliegenden Arbeit liegt auf der Aufbereitung technischer Anforderungen zur Vereinfachung der mentalen Verarbeitung während der Formfindung. Daher werden die technischen Hintergründe des Visualisierungsmittels in Form des AR-Systems nur am Rande behandelt. Zur Demonstration des Ansatzes wird im weiteren Verlauf ein tabletbasiertes AR-System mit markerlosem Tracking verwendet. Für weiterführende Informationen zu dem Thema sei beispielsweise auf DÖRNER in [Dör13], SCHILLING in [Sch08a] oder BADE in [Bad12] verwiesen.

dem stofflichen Modell erreicht und folglich die Leitgeometrien in ihrer nicht-stofflichen Ausprägung *innerhalb* des stofflichen Designmodells visualisiert werden. Dies ist die Voraussetzung dafür, dass der in Abbildung 4.9 eingeführte Methodenblock $Eval_{Vorab-Konv.}$ nicht nur innerhalb des nicht-stofflichen Design-modells angewendet werden kann, sondern auch in stofflichen Modellen. Daraus ergibt sich, dass der visuelle Abgleich quantitativer und qualitativer Anforde-rungen sowohl bei stofflichen als auch nicht-stofflichen Modellen möglich ist. Zusätzlich ist er vom Vorgehen her identisch.

Hinsichtlich der vorgestellten Arbeitsweise ergeben sich Anforderungen an das Visualisierungsmittel. Neben den funktionalen Anforderungen an das Aug-mented Reality-System, sind besonders Anforderungen von Relevanz, welche die erfolgreiche Prozesseinbindung als neues Arbeitsmittel betreffen. Anhand einer Literaturrecherche wurden drei Themenbereiche identifiziert, die im Fol-genden erläutert werden.

Menschbezogene Aspekte beziehen sich insbesondere auf die Nutzungsergo-nomie [Ehr14]. Nach ANDERL muss, damit eine neue Methode akzeptiert wird, diese vom Anwender verstanden und als hilfreich empfunden werden. Diese *human factors* sind von großer Relevanz, damit eine neue Methode erfolgreich eingeführt werden kann [And12]. Bei Kreativarbeit ist dabei die bedürfnisgerechte Wahl des Formgestaltungswerkzeugs von genauso gro-ßer Wichtigkeit wie die effiziente Informationsbereitstellung. BEIER UND MEIER definieren dies über die „[...] *Sicherstellung der künstlerischen Freiheit und effizienten Wissensübertragung*" [Bei10a, S. 230]. Dazu muss nach KÜDERLI die Realitätstreue nicht-stofflicher Modelle und deren Bedie-nerfreundlichkeit für den Anwendungsfall ausreichend sein [Küd07].

Prozessbezogenen Aspekte fußen nach AUST auf dem Bedarf des Einfügens einer neuen Methode in die Abläufe eines Designprozesses [Aus12]. Somit umfasst das bedarfsgerechte Entwickeln digitaler Werkzeuge eine Analyse bestehender Arbeitsabläufe.

Visualisierungs- und Modellbezogene Aspekte werden von SPÄTH in [Spä12] betrachtet. SPÄTH fasst dazu die Ausführungen von SCHUHMANN und MA-CKINLAY in [Sch04] sowie [Mac86] in drei Gruppen zusammen, was in Ta-belle 4.2 dargestellt ist. Zusätzlich beschreibt AUST die Notwendigkeit, dass das Modell in „[...] *seiner normalen Umgebung betrachteten werden muss* [...]" [übersetzt aus Aus12, S. 1466]. Bezogen auf Fahrzeuge bedeutet dies eine Modellbetrachtung auf einer (virtuellen) Straße der jeweiligen Ziel-märkte. Andererseits muss die realitätsgroße Darstellung nicht-stofflicher Designmodelle mit ausreichender Realitätstreue erfolgen [Küd07].

Tabelle 4.2: Anforderungen Visualisierungskonzepte nach SPÄTH in [Spä12, S. 308]

Software	Visualisierung	Technik
Aufgabenangemessenheit	Qualität	Kosten
Selbstbeschreibungsfähigkeit	Expressivität	Datenzugänglichkeit
Lernförderlichkeit	Effektivität	Datenqualität
Steuerbarkeit	Angemessenheit	Mobilität (Abhängig v. use case)
Erwartungskonformität		Genauigkeit (Abh. .v. use case)
Individualisierbarkeit		
Fehlertoleranz		

4.1.3   Gemeinsame Behandlung der definierten Handlungsbedarfe

In Abschnitt 3.3 wurden zwei primäre Handlungsbedarfe innerhalb der automotiven Formfindung identifiziert. Dies sind die *Verknüpfung qualitativer und quantitativer Anforderungen* und die *Verknüpfung stofflicher und nicht-stofflicher 3D-Designmodelle*. Darauf aufbauend wurde in den Abschnitten 4.1.1 und 4.1.2 das jeweils angedachte Vorgehen zum Begegnen der Handlungsbedarfe geschildert. Dazu illustriert Abbildung 4.15 den Zusammenhang der beiden Handlungsfelder in einem gemeinsamen Methodenansatz.

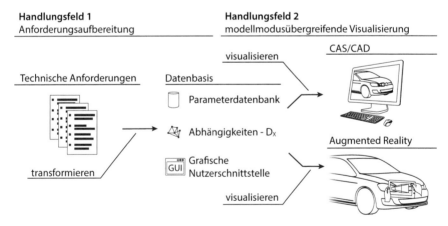

Abbildung 4.15: Zusammenführung der identifizierten Handlungsfelder zu einem gemeinsamen Methodenansatz

Die Abbildung verdeutlicht, dass technische Anforderungen die Basis für das erste Handlungsfeld bilden, die *Anforderungsaufbereitung*. Im ersten Arbeits-

schritt werden die Anforderungen in eine vereinheitlichte Datenbasis transformiert, welche die einzelnen Anforderungen sowohl in einer Parameterdatenbank
abspeichert als auch Abhängigkeiten zwischen einzelnen Anforderungen sowie
Gestaltungsbereichen des Designs beinhaltet. Zusätzlich wird dem Nutzer eine
grafische Schnittstelle zur Verfügung gestellt. Die grafische Schnittstelle bildet
die Basis für das zweite Handlungsfeld, die modellmodusübergreifende *Visualisierung der Anforderungen*. Durch die grafische Nutzerschnittstelle lassen sich
die einzelnen Anforderungen in ihren konkreten Ausprägungen spezifizieren –
d. h. variieren, bevor diese sowohl innerhalb nicht-stofflicher CAS- / CAD-
Modelle als auch in stofflichen Designmodellen visualisiert werden.

4.1.4   Vorgehensübersicht

In den vorangegangenen Abschnitten 4.1.1 bis 4.1.3 wurde die Herangehensweise zur Begegnung mit den identifizierten Handlungsfeldern beschrieben. An
dieser Stelle soll ein Überblick hinsichtlich der nötigen Arbeitsschritte zur Detai-
lierung der Methodik gegeben werden, bevor diese in den folgenden Abschnitten
im Detail besprochen werden. Die einzelnen Arbeitsschritte lassen sich in die
drei Felder *Analyse*, *Aufbereitung* und *Visualisierung* aufschlüsseln. Dies illustriert Abbildung 4.16.

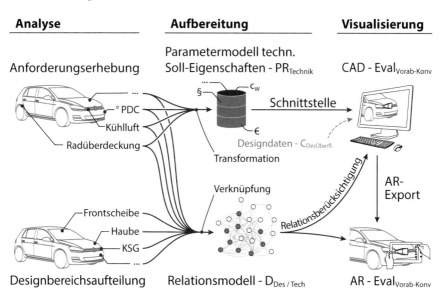

Abbildung 4.16 Zusammengefasste Arbeitsschritte der Methodenerarbeitung

Das Feld der Analyse setzt sich aus der *Anforderungserhebung* und der *Design-bereichsaufteilung* zusammen. Die Anforderungserhebung schafft die Daten-grundlage für das weitere Vorgehen. Anhand verschiedener Quellen werden besonders designrelevante, technische Anforderungen ermittelt und gesammelt. Die Designbereichsaufteilung dient der späteren Strukturierung und Verknüp-fung der gesammelten Anforderungen. Das Ziel ist hierbei ein für den Design-prozess dienliches Granulieren des Fahrzeugexterieurs und -interieurs.

Die bei der Analyse erarbeiteten Ergebnisse werden im nächsten Schritt, der *Aufbereitung*, weiterverwendet. Eines der Ziele ist das Schaffen eines *Parame-termodells technischer Soll-Eigenschaften - PR$_{Technik}$*. In diesem Parametermodell sollen die in der Anforderungserhebung ermittelten Anforderungen in einem einheitlichen, CAD-lesbaren Format vorliegen. Um dies zu erreichen, müssen die in unterschiedlichen Abstraktionsgraden vorliegenden Anforderungen *trans-formiert* werden. Diese Transformation umfasst neben der Normierung der Abs-traktionsniveaus auch eine Gliederung nach Umsetzungsprioritäten und Verhan-delbarkeit der Anforderungen.

Die Anforderungserhebung und die Designbereichsaufteilung bilden gemeinsam die Basis für ein *Relationsmodell – D$_{Des/Tech}$* der Anforderungen und Designbe-reiche. Zu diesem Zweck müssen diese Abhängigkeiten im Zuge einer *Verknüp-fung* zunächst ermittelt und dann formal dokumentiert werden. Das Relations-modell dient der späteren Unterstützung des Systemnutzers. Dazu werden die in ihrer Gesamtheit schwer überblickbaren Relationen von Anforderungen und Designbereichen sinnfällig zur Verfügung gestellt.

Diese Relationsberücksichtigung ist ein Kernpunkt der abschließenden *Visuali-sierung*. Anhand des zuvor erarbeiteten Parametermodells *PR$_{Technik}$* können diese technischen Soll-Eigenschaften in CAD visualisiert werden. Mit Hilfe der vor-handenen, nicht-stofflichen Designmodelle ist somit im Zuge von *CAD-Eval$_{Vorab-Konv}$* eine rechnergestützte Bewertung von technischen Anforderungen und De-signoberflächen möglich. Die Voraussetzung dafür ist, dass eine bidirektionale *Schnittstelle* zwischen dem Parametermodell der technischen Soll-Eigenschaften und dem genutzten CAD-System erstellt wird. Diese Schnittstelle umfasst eine grafische Nutzerschnittstelle im CAD-System, um die Parameter und die Visua-lisierung zu steuern.

Abschließend sind die erzeugten Visualisierungen durch einen geeigneten *Ex-port* aus dem CAD-System in ein Augmented Reality-System zu übertragen. Auf diese Weise wird innerhalb von *AR-Eval$_{Vorab-Konv}$* eine gemeinsame Bewertung stofflich vorliegender Designoberflächen und nicht-stofflich vorliegender techni-scher Anforderungen ermöglicht.

4.2   Anforderungserhebung

Die Anforderungserhebung umfasst einen maßgeblichen Teil der Methodenerarbeitung und bildet die Grundlage für die spätere Anforderungsaufbereitung und –visualisierung. Dieser Zusammenhang ist in Abbildung 4.17 dargestellt.

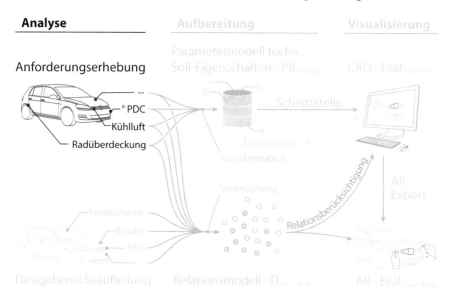

Abbildung 4.17: Die Anforderungserhebung innerhalb des Methodenansatzes

Das Vorgehen der Anforderungserhebung läuft in zwei Schritten ab. Dazu illustriert Abbildung 4.18 den generellen Ablauf.

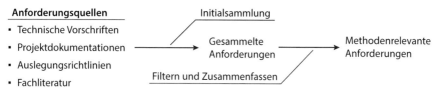

Abbildung 4.18: Ablauf der Anforderungserhebung

Im ersten Schritt wird anhand der Anforderungsquellen eine *Initialsammlung* der Anforderungen vorgenommen, wobei Dopplungen eliminiert werden. Dazu muss ein für den Anwendungsfall passendes Gleichgewicht zwischen Detailtiefe und Handhabbarkeit eines Wissenssystems gefunden werden. Dementsprechend wird im zweiten Arbeitsschritt der Wissenserhebung ein *Filtern und Zusammenfassen* der initial gesammelten Anforderungen vorgenommen. Das Ergebnis der beiden Arbeitsschritte ist eine geordnete Liste der für den Ansatz *methodenrelevanten Anforderungen*. Die hier eingeführten Ablaufschritte der Anforderungserhebung werden in den beiden folgenden Abschnitten erläutert.

4.2.1   Quellen und Initialsammlung

Moderne, konventionell angetriebene PKW bestehen nach MAYER-BACHMANN aus „[...] *ca. 50 Systemen, ca. 300 Komponenten und bis zu 18.000 Teilen*" [May07, S. 8]. In Summe ergeben sich daraus weit über 100.000 Einzelanforderungen an das Fahrzeug, welche in unterschiedlichen Verwaltungssystemen und in variierenden Abstraktionsgraden vorliegen [Wie15a].

Entsprechend der hohen Komplexität und der resultierenden Anzahl von Anforderungen kommt demnach der Auswahl relevanter Anforderungsquellen eine besondere Bedeutung zu. Ziel ist es, entsprechende Quellen für Anforderungen mit dem Fokus der direkten Beeinflussung des Fahrzeugdesigns auszuwählen und zu nutzen. Hierzu illustriert Abbildung 4.19 einige Beispiele für unterschiedliche Anforderungen, welche das Design des Fahrzeugexteriurs direkt beeinflussen.

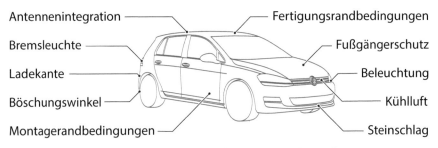

Abbildung 4.19: Beispiele für technische Anforderungen an das Design

In [VDI15] werden die grundsätzlichen Arten der Wissenserhebung bei der Erstellung von wissensbasierten Konstruktionssystemen erläutert. Explizit werden *Interviews*, *Textanalysen*, und *Beobachtungstechniken* dargestellt. In der industriellen Praxis zeichnet sich die Zusammenarbeit zwischen automobilem Design und Technik durch einen hohen Dokumentationsgrad aus. Daher bieten sich insbesondere Textanalysen für die Wissenserhebung an.

Grundsätzlich können die im Folgenden betrachten Wissensträger in zwei Dimensionen eingeteilt werden. Die erste Dimension ist die *Zugänglichkeit* der Wissensträger, also *öffentlich* oder *OEM-intern*. Die zweite Dimension bezieht sich auf den *Formalisierungsgrad* der aufgezeigten Anforderungen. Dieser reicht von *quantitativ* beschriebenen Anforderungswerten zu *qualitativ* beschriebenen Gestaltungshinweisen. Dazu stellt Tabelle 4.3 die grundsätzlichen Attribute der einzelnen Wissensträger dar.

Tabelle 4.3: Wissensträger sowie deren Zugänglichkeit und Formalisierungsgrad bezüglich direkt designbeeinflussender Anforderungen

Formalisierungsgrad	Zugänglichkeit	
	öffentlich	OEM-intern
eher quantitativ	Gesetze und Richtlinien	Auslegungsrichtlinien
		CAD/KBE-Technikmodell
		Modellbewertungen
	Forschungsergebnisse	Interne Literatur
	Fachvorträge	
	Fachliteratur	
eher qualitativ		

Bei den öffentlich zugänglichen Wissensträgern weisen insbesondere Typgenehmigungsregelungen[44] und Gesetze einen hohen quantitativen Formalisierungsgrad auf. Es seien etwa die einzelnen UN/ECE[45]-Regelungen für Europa, die FMVSS[46] für die Vereinigten Staaten sowie die deutsche Straßenverkehrs-Zulassungs-Ordnung (StVZO) als Beispiele genannt. Die einzelnen Regelwerke definieren sowohl geforderte Eigenschaften an die Fahrzeuggestalt als auch konkrete, geometrische Merkmale, die für eine Homologation eines Fahrzeugs einzuhalten sind. Als Beispiel für geforderte Merkmale sei die minimal zulässige Position des Abblendlichts genannt[47].

---

[44] Nötig zur Inbetriebsetzung auf öffentlichen Straßen, [Bra13c, S. 21–22] liefert einen Schematischen Ablauf des Genehmigungsprozesses.

[45] United Nations Economic Commission for Europe.

[46] Federal Motor Vehicle Safety Standards.

[47] Siehe StVZO §50 und entsprechende Reglungen in FMVSS und ECE.

Neben den direkten Vorgaben für die geometrischen Merkmale der Fahrzeuggestalt existieren auch Vorschriften hinsichtlich der Eigenschaften, welche das
Fahrzeug erfüllen muss. Bezogen auf das Abblendlicht sei zu Beispiel die vor-
gebende Ausleuchtcharakteristik der Fahrbahn in *FMVSS §571.108* [Nat16]
genannt. Zwar definiert das Dokument Mindestvorgaben für die Ausleuchtung
der Straße bei Dunkelheit, nicht jedoch, wie ein Scheinwerfer gestaltet sein
muss, damit diese Vorgaben zur Fahrbahnausleuchtung erfüllt werden. Somit
obliegt es hier dem Fahrzeughersteller, einen Scheinwerfer mit geeigneten
Merkmalen zu gestalten, um die geforderten Eigenschaften zu erfüllen. Dieses
Konstruktionswissen ist weitestgehend in den jeweiligen Auslegungsrichtlinien
der OEMs und deren Zulieferern gespeichert, Wissensträger, die nicht öffentlich
zugänglich sind. [Fel17a]

An dieser Stelle sei darauf hingewiesen, dass insbesondere sogenannte Consu-
mertests wie z. B. EURO-NCAP[48] oder RCAR[49] Vorgaben zu geforderten Eigenschaften machen, nicht jedoch festlegen, wie die Merkmale ausgeprägt sein
müssen, damit diese Eigenschaften erreicht werden. Das Wissen, diese Eigenschaften zu erreichen, ist ebenfalls in den Konstruktionsrichtlinien gespeichert.

Bei den öffentlich zugänglichen Wissensträgern sind besonders auch Forschungsergebnisse und Fachvorträge zu berücksichtigen. Diese Wissensträger
enthalten oftmals bereits quantifizierte Werte für Fahrzeugmerkmale, um geforderte Eigenschaften zu erreichen. Allerdings ist insbesondere bei Beiträgen aus
der Industrie auf die Originalität der Werte und Einheiten zu achten. Dies rührt,
analog den internen Konstruktionsrichtlinien, von dem Bestreben der OEMs her,
Konstruktionswissen möglichst nicht zu veröffentlichen.

Bei den öffentlich zugänglichen Wissensträgern sei abschließend die Fachlitera-
tur[50] genannt. Diese gibt gute Anhaltspunkte und Hinweise für die Gestaltung
hinsichtlich des Fahrzeugdesigns. Allerdings sind quantitative Werte für die
geometrischen Merkmale des Designs die Ausnahme. Im Gegensatz dazu existieren OEM-interne Nachschlagewerke, die häufige Arbeitspunkte behandeln.
Diese Nachschlagewerke bilden das komplette Spektrum des Formalisierungs-
grades von qualitativen Handlungsempfehlungen bis zu sehr umfangreichen und
mit quantitativen Werten beschrieben Gestaltungsvorgaben ab.

---

[48] European New Car Assessment Programme, Fokus auf Sicherheit.

[49] Research Council for Automobile Repair, Fokus auf Materialschäden nach Unfällen.

[50] Im Bereich Technisches Fahrzeugdesign sei neben den Ausführungen von BRAESS und
SEIFFERT in [Bra07a] insbesondere auf die Beschreibungen von MACEY in [Mac14]
hingewiesen.

Bei den nur OEM-intern zugänglichen Wissensträgern enthalten insbesondere parametrische CAD-Technikmodelle eine Vielzahl quantitativer Anforderungen an die geometrischen Merkmale eines Fahrzeugs. Dieses sehr designrelevante Konstruktionswissen ist jedoch auch in Modellbewertungen gespeichert. Modellbewertungen enthalten Soll-/Ist-Vergleiche der Merkmale von Designaußenhaut und Technikmodell. Diese umfassen außerdem das jeweils aktuelle und abgestimmte Wissen der einzelnen Fachabteilungen. Somit ist die Summe der Modellbewertungen eine sehr wertvolle Quelle für designrelevante Anforderungen an die Designaußenhaut. Dies ist beispielhaft in Abbildung 4.20 anhand der Höhenbewertung einer SBBR-Leuchte[51] skizziert. Eine Betrachtung der Modellbewertungen über den Entwicklungsverlauf mehrerer Projekte liefert somit eine Vielzahl belastbarer und aktueller Anforderungen an die geometrischen Merkmale der Designaußenhaut.

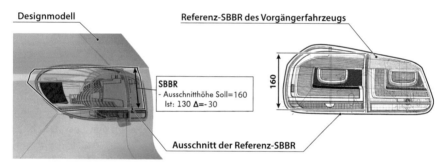

Abbildung 4.20 Ausschnitt des schematischen Aussehens einer Modellbewertung für ein Designmodell. Die Daten sind verfremdet. (Quelle: Volkswagen)

Es wird deutlich, dass öffentlich zugängliche und OEM-interne Wissensträger zunächst getrennt betrachtet werden. Das Ziel der beschriebenen dualen Herangehensweise ist eine gleichberechtigte Betrachtung der Anforderungen an die Designaußenhaut, sowohl aus wissenschaftlicher Sicht als auch aus industrieller Praxis. Beide Quellen für Anforderungen werden im weiteren Verlauf der Ansatzbeschreibung zusammengeführt.

---

[51] SBBR: Abkürzung für Schluss-, Brems-, Blink- und Rückleuchte.

4.2.2   Filtern und Zusammenfassen

Das Ziel des Filterns und Zusammenfassens ist eine konsolidierte und geordnete Liste der gesammelten Anforderungen an die Designaußenhaut. Diese Liste wird im späteren Verlauf des Methodenansatzes als Basis für das Parametermodell technischer Soll-Eigenschaften - PR$_{\text{Technik}}$ dienen. Das grundsätzliche Vorgehen ist in Abbildung 4.21 veranschaulicht.

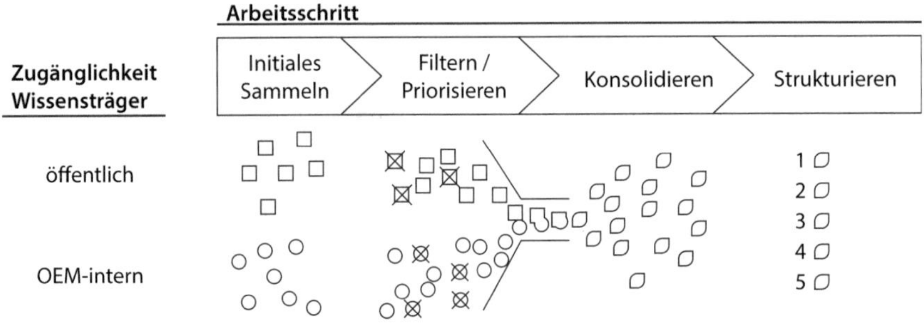

Abbildung 4.21: Einordnung und Ablauf des Filterns und Zusammenfassens

Die Ausgangsbasis bilden die in Abschnitt 4.2.1 initial gesammelten Anforderungen an die Designaußenhaut. Diese werden zunächst nach der Zugänglichkeit der Wissensträger getrennt betrachtet. Im weiteren Verlauf des Filterns und Priorisierens werden die Anforderungen aus beiden Wissensträgern dann gemeinsam betrachtet, um besonders relevante Anforderungen an die Designaußenhaut identifizieren zu können. Dieses Vorgehen illustriert Abbildung 4.22.

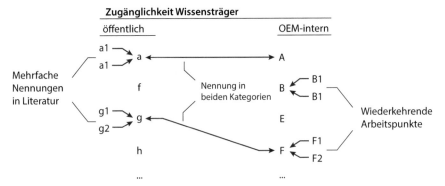

Abbildung 4.22: Filtern, Priorisieren und Konsolidieren der Anforderungen

Die Abbildung zeigt auf der linken Seite die Anforderungen aus öffentlich zugänglichen Wissensträgern, welche durch Kleinbuchstaben symbolisiert sind. Auf der rechten Seite sind analog die Anforderungen aus OEM-internen Quellen mit Großbuchstaben dargestellt. Zunächst werden die Anforderungen aus den beiden Wissensträgerkategorien in sich abgeschlossen betrachtet und Dopplungen entfernt, was durch das Entfernen der Indices illustriert ist. Dieser Schritt liefert auch einen wichtigen Hinweis auf die Relevanz der Anforderungen. Bezogen auf Anforderungen aus öffentlich zugänglichen Wissensträgern weisen Mehrfachnennungen in jeweils verschiedenen Publikationen und Gesetzen auf eine hohe Priorität der Anforderung für die Weiterverfolgung im Ansatz hin. Gleiches gilt auch für OEM-interne Wissensträger. Wird eine Anforderung z. B. im zeitlichen Verlauf eines Projektes in mehreren Modellbewertungen oder sogar projektübergreifend angesprochen, weist dies auf eine besonders hohe Priorität der Weiterbetrachtung einer Anforderung für den Methodenansatz hin.

Im nächsten Schritt können die Anforderungen aus öffentlich zugänglichen und OEM-internen Wissensträgern gemeinsam konsolidiert werden. Dazu werden die nun jeweils gefilterten und priorisierten Listen der Anforderungen aus beiden Kategorien der Wissensträger miteinander verglichen. Sofern Anforderungen sowohl in Gesetzen, wissenschaftlichen Publikationen und OEM-internen Quellen genannt werden, weist dies auf eine besonders hohe Priorität der jeweiligen Anforderung für den Ansatz hin. Im gleichen Schritt werden die Anforderungen beider Wissensträgerkategorien zusammengeführt.

Abschließend werden die nun konsolidierten Anforderungen nach Kategorien, wie etwa Fußgängerschutz, Ergonomie etc. strukturiert. Diese Anforderungssammlung bildet die Basis für die spätere Anforderungstransformation in formalisierte und CAD-lesbare Parameter im Abschnitt der Anforderungsaufbereitung.

4.3   Designbereichsaufteilung und Verknüpfung

Das Ziel dieses Abschnittes ist die Beschreibung des Vorgehens zum Erarbeiten eines *Relationsmodells* $D_{Des/Tech}$. Das Relationsmodell hat zwei Funktionen. Zum einen gliedert es das Fahrzeugexterieur und –interieur für den Designprozess in sinnvolle Teilbereiche und verknüpft diese, sofern sie aneinander angrenzen. Zum anderen dient es der Zuordnung technischer Soll-Eigenschaften zu den einzelnen Teilbereichen des Fahrzeugdesigns. Auf diese Weise ist es möglich, die Anforderungen zu filtern, die bei dem gerade zu bearbeitenden Designbereich zu berücksichtigen sind.

Das Verknüpfen der einzelnen Designbereiche ermöglicht zudem eine sinnfällige Übersicht, welche anderen Designbereiche an den aktuellen Arbeitsbereich angrenzen. Somit lässt sich abschätzen, ob gegebenfalls weitere
Anforderungen an die Designoberflächen berücksichtigt werden müssen, sollte
der aktuelle Arbeitsbereich vergrößert werden. Diese Verknüpfung und den
Zusammenhang zu dem vorangegangen Abschnitt der Anforderungserhebung
stellt Abbildung 4.23 dar.

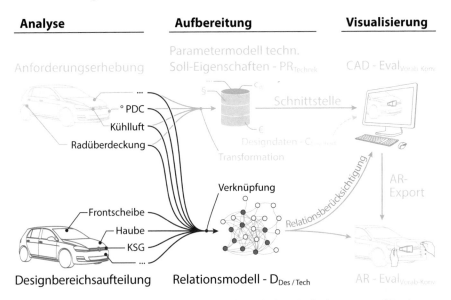

Abbildung 4.23: Erzeugen des Relationsmodells zwischen Anforderungen und Designbereichen

In Abschnitt 4.1.1 wurde die *Produktmodellierung auf Basis von Eigenschaften
und Merkmalen* nach WEBER vorgestellt. Dort werden die Abhängigkeiten D_X
zwischen den einzelnen Produktmerkmerkmalen beschrieben. Beim Fahrzeugdesign sind zwei Arten von Abhängigkeiten der geometrischen Merkmale der Designoberfläche ersichtlich. Zum einen muss die Gesamtheit der Fahrzeugform
von einem ästhetischen Standpunkt aus betrachtet werden. Diese Betrachtung
der skulpturalen Gesamtform läuft kontinuierlich im Kopf des Designers während der Formgestaltung und -bewertung ab. Die zweite Art der Abhängigkeiten
resultiert aus den technischen Anforderungen. So bestehen direkte Abhängigkeiten zwischen den technischen Merkmalen des Fahrzeugs und den geometrischen
Merkmalen der Designaußenhaut.

Das im Folgenden beschriebene Relationsmodell zielt auf diese zweite Art der Abhängigkeiten ab. Dies wird an späterer Stelle in den Abschnitten 5.2.3 und 5.4.1 verdeutlicht, indem das Relationsmodell gemeinsam mit der Visualisierung der Leitgeometrien die Abhängigkeiten zwischen der skulpturalen Form und den technisch bedingten, geometrischen Merkmalen darstellt. Das Relationsmodell ist in zwei Ablaufschritten zu erarbeiten, welche in den folgenden Abschnitten erläutert werden. Zunächst wird die *Verknüpfungsstruktur* und anschließend das zugrundeliegende *Datenmodell* hergeleitet.

4.3.1   Generelles Verknüpfungsmodell

Die Verknüpfungsstruktur des Relationsmodells kann als eine designzentrierte Sicht auf die Produktstruktur eines PKW beschrieben werden, welche zusätzlich Informationen bezüglich zu erfüllender Soll-Eigenschaften der Produktstrukturelemente enthält. Daher wird die Verknüpfungsstruktur in zwei Schritten erarbeitet. Zunächst wird eine für den Designprozess sinnvolle Produktstruktur der Designoberflächen hergeleitet. Im zweiten Schritt wird diese Struktur um die benötigten Informationen hinsichtlich der zu erfüllenden Soll-Eigenschaften ergänzt.

FELDHUSEN fasst die Produktstruktur zur Produktgliederung folgendermaßen zusammen:

> Die Produktstruktur (mechatronische Produkte) bildet die Struktur und damit den Zusammenhang der nach festgelegten Strukturierungskriterien gegliederten physikalischen Produktelemente wie Bauteile und Baugruppen ab. [Fel15, S. 22]

Weiterhin definieren FELDHUSEN ET. AL die Produktstruktur in [Fel13c] als eine Beschreibung der stofflichen Produktzusammenhänge. Diese definiert die hierarchischen Zusammenhänge zwischen einzelnen Subsystemen und Komponenten in der benötigten Feinheit. Diesen Zusammenhang verdeutlicht Abbildung 4.24.

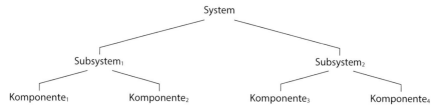

Abbildung 4.24: Hierarchische Produktstruktur nach FELDHUSEN in [Fel13c, S. 256] (Nachdruck mit Genehmigung von Springer)

Für den konkreten Fall des PKW sind in [Hir13b] und [RWT14] konkrete Beispiele von Fahrzeugreferenzstrukturen aufgeführt. Dazu ist das Gesamtsystem
eines konventionellen Fahrzeugs mit den Subsystemen Aggregat, Antriebsstrang, Fahrwerk, Interieur, Exterieur, Karosserie, sowie Elektrik und Elektronik
(E/E) aufgeschlüsselt. Die einzelnen Subsysteme sind weiterhin in Module und
Komponenten aufgegliedert. Am Beispiel des Exterieurs seien dazu das Front-
end als Modul und die Stoßfängerabdeckung als Komponente genannt.

Als Strukturierungskriterium für den beschriebenen Anwendungsfall bietet sich
die industrielle Praxis der Gliederung des Fahrzeugdesigns während der Formfindung an, was in Abbildung 4.25 illustriert ist.

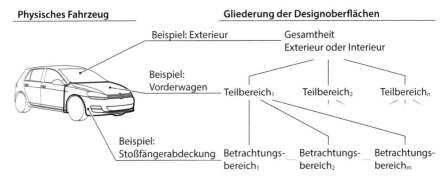

Abbildung 4.25: Industrielle Praxis der Gliederung der Fahrzeugdesignflächen in Anlehnung an die Fahrzeugproduktstruktur

Das Gesamtdesign eines Fahrzeugs ist dabei in der höchsten Gliederungsebene
in Exterieur und Interieur aufgegliedert. Ausgehend von der *Gesamtheit* des
Exterieurs oder Interieurs werden *Teilbereiche* definiert – etwa der Vorderwagen
für das Exterieur oder die Instrumententafel für das Interieur. Diese sind wiederum in *Betrachtungsbereiche* aufgeschlüsselt. Bezogen auf das Exterieur kann
dies etwa die Stoßfängerabdeckung sein. Zwischen den einzelnen Hierarchie-
ebenen besteht wie in den obigen Beispielen aus der Literatur eine eindeutige
Zuweisung der Elemente zur nächsthöheren Ebene. Ein Betrachtungsbereich ist
genau einem Teilbereich zugeordnet, welcher wiederum entweder dem Exterieur
oder dem Interieur zugeordnet ist.

Wie in Abschnitt 4.3.1 beschrieben, soll das Relationsmodell zusätzlich die jeweils an den aktuellen Betrachtungsbereich angrenzenden Designbereiche darstellen können. Sofern einzelne Betrachtungsbereiche aneinander angrenzen, ist
es somit zielführend, diese auch teilbereichsübergreifend zu verknüpfen. Dies
können etwa der Kotflügel des Vorderwagens oder auch die Fahrertür der Fahr-

zeugseite sein. Den entsprechenden Zusammenhang veranschaulicht Abbildung 4.26.

Die Abbildung illustriert die schematische Verknüpfung zwischen verschiedenen Betrachtungs- und Teilbereichen des Exterieurs und Interieurs. Die Designbereichsebenen werden als Knoten und die Verknüpfungen als Kanten innerhalb eines Graphen[52] dargestellt, was das Ziel der Relationsvisualisierung ist.

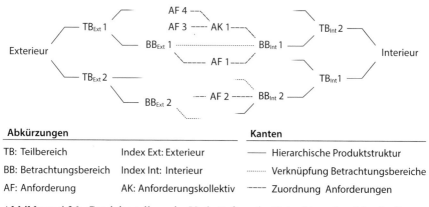

Abbildung 4.26: Graphdarstellung der Verknüpfung der Betrachtungsbereiche der Designbereiche sowohl untereinander als auch mit Anforderungen

Zusätzlich wird die Erweiterung des nun vorhandenen Verknüpfungsmodells um die zu erfüllenden, technischen Anforderungen an die Designaußenhaut deutlich. Eine jeweilige Anforderung kann dabei sowohl einem einzelnen als auch mehreren Betrachtungsbereichen zugeordnet sein. Dies kann etwa die benötigte Öffnung in der Fahrzeugfront für Frischluft sein, welche sich auf die Stoßfängerabdeckung, die Motorhaube und das Kennzeichen bezieht. Eine Zusammenfassung von einzelnen Anforderungen zu Kollektiven ist in einigen Bereichen aus Übersichtlichkeitsgründen zielführend. Dies können etwa Anforderungen an die Räder in Bezug auf Raumbedarf und Radüberdeckung[53] sein. Auch sind übergreifende Anforderungen bezogen auf die Betrachtungsbereiche des Exterieurs und Interieurs möglich, so etwa die Neigung der Frontscheibe.

---

[52] Ein Graph ist in [Dud17b] als die *„grafische Darstellung (z. B. von Relationen) in Form von [markierten] Knoten[punkten] und verbindenden Linien (Kanten)"* definiert.

[53] Zu dieser Thematik siehe z. B.: MACEY und WARDLE in [Mac14, S. 196–198].

Zum Arbeiten und Filtern der im Datenmodell zu speichernden Informationen müssen die Knoten über Attribute wie eine eindeutige ID oder Namen verfügen. Auch sind für den Ansatz weitere Attribute der Anforderungen nötig, welche in Abschnitt 5.3.2 diskutiert werden, jedoch an dieser Stelle noch keinen Einfluss auf die Verknüpfungs- oder Datenstruktur des Relationsmodells haben. Zusätzlich sind die Verknüpfungen der Knoten untereinander zu berücksichtigen. Dies können sowohl die Anforderungen oder auch Designelemente sein, welche in Form von Kanten innerhalb des Verknüpfungsmodells abgespeichert werden müssen. Die benötigte Datenstruktur wird im folgenden Abschnitt hergeleitet.

4.3.2   Datenmodell des Verknüpfungsansatzes

Im vorangegangen Abschnitt wurde der theoretische Hintergrund des Datenmodells besprochen. Aufgrund der Vielzahl der Anforderungen, welche an das Fahrzeugdesign gestellt werden, ist eine manuelle Erstellung des Relationsmodells nicht zielführend. Aus diesem Grund wird im Folgenden ein Ansatz vorgestellt, die Verknüpfungen, Elemente und auch deren Visualisierungen rechnergestützt zu erstellen. Den Absatzablauf verdeutlicht Abbildung 4.27.

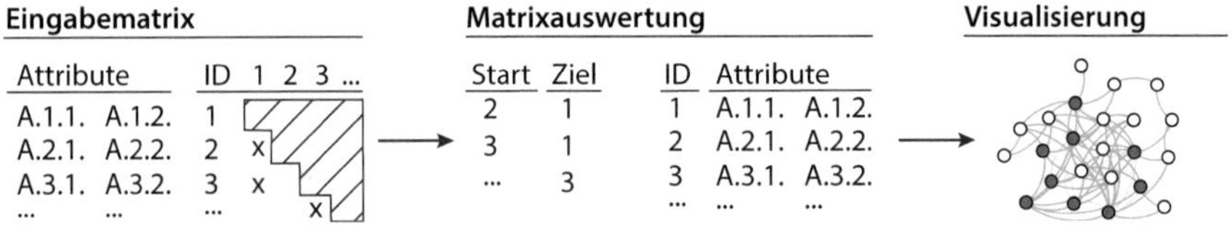

Abbildung 4.27: Ablauf der Herleitung des Datenmodells und dessen Visualisierung

Im ersten Schritt ist die Datenbasis des Wissens um die Elemente des Relationsmodells zu erstellen. Nach TRIEBEL in [Tri12] eignet sich zur Verknüpfung der Elemente eine zweidimensionale, symmetrische *Matrix*. In dieser werden sowohl die Elemente und deren Attribute als auch die Elementverknüpfungen systematisch und Element für Element eingetragen. Im nächsten Schritt wird diese Matrix rechnergestützt *ausgewertet* und die enthaltenen Daten in zwei Listen übertragen. Die erste Liste umfasst alle Elemente und deren Attribute in der Matrix. In der zweiten Liste werden die Verknüpfungen zwischen den einzelnen Elementen abgespeichert. Abschließend werden beide Listen genutzt, um anhand geeigneter Algorithmen die Elemente des Datenmodells und deren Verknüpfungen sinnfällig zu *visualisieren*. Somit wird dem Nutzer, analog dem in Abschnitt 4.1 besprochenen Referenzmodell der Datenvisualisierung, eine Hilfestellung bei der mentalen Verarbeitung umfangreicher Datenmengen gegeben.

Der schematische Aufbau der Eingabematrix ist in Abbildung 4.28 dargelegt. Der Aufbau der Matrix lässt sich in zwei Hauptbereiche aufteilen. Dies sind einerseits die Elementattribute, welche die Element-*ID*, den Namen und weitere *Attribute* umfassen. Der zweite Teil umfasst die eigentliche, symmetrische *Adjazenzmatrix*[54]. Weiterhin sind die Elementattribute und die Adjazenzmatrix in vier Gliederungsebenen unterteilt. Dies sind die *Designbereiche für Exterieur und Interieur* sowie die *Anforderungen für Exterieur und Interieur*. Bei der Modelleingabe werden zunächst die Designbereiche des Exterieurs und des Interieurs mit Namen und eindeutiger ID in die Matrix eingetragen. Im zweiten Schritt werden, entsprechend der Ausführungen des vorangegangenen Abschnitts, die hierarchischen Verknüpfungen der einzelnen Elemente in der Adjazenzmatrix eingetragen. Dies geschieht durch eine Markierung (x) zwischen zwei Elementen in der Matrix. Anschließend werden benachbarte Betrachtungsbereiche des Designs ebenfalls durch eine Markierung miteinander verknüpft.

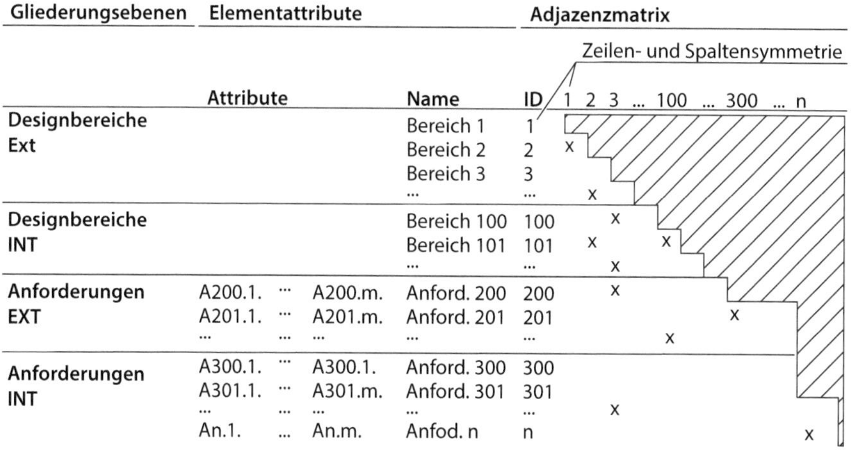

Gliederungsebenen	Elementattribute					Adjazenzmatrix							
									Zeilen- und Spaltensymmetrie				
	Attribute			Name	ID	1	2	3	...	100	...	300	... n
Designbereiche Ext				Bereich 1	1								
				Bereich 2	2	x							
				Bereich 3	3								
				...	...		x						
Designbereiche INT				Bereich 100	100			x					
				Bereich 101	101	x			x				
				...	...		x						
Anforderungen EXT	A200.1.	...	A200.m.	Anford. 200	200	x							
	A201.1.	...	A201.m.	Anford. 201	201							x	
	...	...	...	...	...			x					
Anforderungen INT	A300.1.	...	A300.1.	Anford. 300	300								
	A301.1.	...	A301.m.	Anford. 301	301				x				
	...	...	...	...	...								
	An.1.	...	An.m.	Anfod. n	n								x

Abbildung 4.28: Struktur der Eingabematrix

Der nächste Schritt behandelt die Anforderungen an die Designaußenhaut. Diese werden getrennt nach Exterieur und Interieur zunächst mit ihren Attributen in die Eingabematrix eingefügt und anschließend durch eine Markierung in der Adjazenzmatrix den einzelnen Designbetrachtungsbereichen zugeordnet. Den *n* Elementen der Eingabematrix können dabei *m* Attribute zugewiesen werden.

---

[54] Auch: Nachbarschaftsmatrix – speichert als $n \times n$ – Matrix, welche Knoten eines Graphen durch eine Kante verbunden sind. [Str16]

Weiterhin können auch Anforderungen zu Kollektiven zusammengefasst werden, indem ein Kollektiv innerhalb der Gliederungsebenen für die Anforderungen als eigenständiges Element mit eigener ID und Name eingetragen wird. Anschließend können diesem Kollektiv durch Markierungen in der Adjazenzmatrix Anforderungen zugeordnet werden. Das Anforderungskollektiv selbst kann dann einem Designbereich zugeordnet werden.

Die Auswertung der Eingabematrix erfolgt in zwei Schritten, deren Endergebnis zwei Listen sind. Die erste Liste umfasst alle Matrixelemente sowie deren Attribute und kann somit als ein kopierter und umgeordneter Bereich der Elementattribute aus Abbildung 4.28 aufgefasst werden. Das Ergebnis wird schematisch in Tabelle 4.4 aufgezeigt.

Tabelle 4.4: Auswertung der Eingabematrix zum Erzeugen der Liste für die Knoten

ID	Name	Attribut 3	Attribut 4	...	Attribut m
1	Name 1	Wert Attribut 3	Wert Attribut 4	...	Wert Attribut m
2	Name 2	Wert Attribut 3	Wert Attribut 4	...	Wert Attribut m
3	Name 3	Wert Attribut 3	Wert Attribut 4	...	Wert Attribut m
...	...	...	...	...	...
n	Name n	Wert Attribut 3	Wert Attribut 4	...	Wert Attribut m

Der zweite Schritt umfasst das Auslesen der Adjazenzmatrix, dessen Ziel es ist, eine Liste aller Verknüpfungen zwischen Matrixelementen in Form ihrer *Quellen- und Ziel-ID* zu erstellen. Das Auslesen lässt sich als Algorithmus darstellen. Dabei werden zeilenweise alle Spalten der symmetrischen Matrix ausgelesen und auf eine Verknüpfung zwischen den Matrixelementen hin überprüft. Sollte eine Verknüpfung bestehen, wird die jeweils aktuelle Matrixzeile als Quellen-ID der Verknüpfung und die aktuelle Matrixspalte als Ziel-ID definiert.

Am Beispiel wird dies in Abbildung 4.29 deutlich, in der die Auswertungsliste, die Algorithmusschritte sowie die auszuwertende Adjazenzmatrix dargestellt sind. Im ersten Schritt wird Zeile 2 der Adjazenzmatrix ausgelesen. Dabei wird die Verknüpfung zwischen Element 1 und 0 als Quellen-ID und Ziel-ID in die Auswertungsliste eingetragen. Im zweiten Schritt werden die Verknüpfungen von Element 2 ausgelesen. Da keine Verknüpfungen von Element 2 ausgehen, erfolgt kein Eintrag in die Auswertungsliste. In Schritt 100 wird die zu Element 100 zugehörige Zeile 101 der Adjazenzmatrix spaltenweise ausgelesen und die Verknüpfungen zu den Elementen 1 und 2 in der Auswertungsliste eingetragen. Eine solche Auswertung wird nacheinander mit allen *n* Elementen der Adjazenzmatrix durchgeführt.

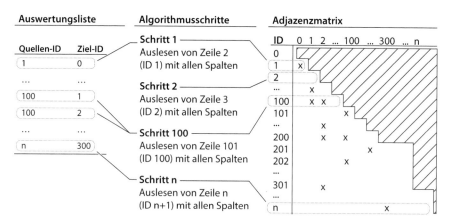

Abbildung 4.29: Auslesen der Knotenverknüpfungen innerhalb der Eingabematrix

In Summe enthalten beide Listen die gleichen Informationen wie die ursprüngliche Eingabematrix. Die Matrixdarstellung weist Vorteile in Bezug auf die Handhabbarkeit bei der Eingabe und die Übersicht der Elementverknüpfungen auf. Die Transformation in eine Listendarstellung ist jedoch nötig, um ein maschinenlesbares Datenformat für die im nächsten Abschnitt erläuterte Datenvisualisierung zu erzeugen.

Die erzeugten Listen für die Knoten und Kanten des Graphen ermöglichen den Import in Anwendungen für das automatisierte Zeichnen eines Graphen. Für eine ästhetisch ansprechende und eine besonders sinnfällige Graphdarstellung bieten sich nach KOBOUROV besonders kräftebasierte[55] Autolayout-Algorithmen an.

Einen solchen Graphen stellt Abbildung 4.30 schematisch dar. Diese verdeutlicht, dass eine Visualisierung der Relationen durch einen Graphen deutlich sinnfälliger ist als eine Matrixdarstellung. Die einzelnen Relationen der Knotenarten *Anforderungen* und *Designbereiche* werden durch *Kanten* dargestellt. Durch geeignete Auswertungen und Visualisierungen innerhalb einer Softwareanwendung sind unterschiedliche Darstellungsformen für die Knotentypen möglich wie auch das gezielte Abrufen der *Knotenattribute*.

---

[55] Kräftebasiertes Zeichnen von Graphen: Automatisiertes Anordnen der Knoten in einem 2D- oder 3D-Raum mit dem Ziel der möglichst kurzen Kantenlänge und möglichst wenigen kreuzenden Kanten – siehe für detaillierte Beschreibungen die Ausführungen von KOBOUROV in [Kob12].

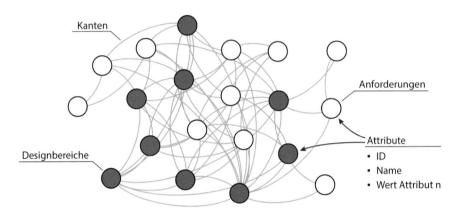

Abbildung 4.30: Schematische Darstellung eines automatisch gezeichneten Graphen der Relation zwischen Designbereichen und Anforderungen

Der Vorteil des durchgehend rechnerunterstützten Ansatzes liegt in der automatisierbaren Neuerstellung der Visualisierung. Sollten Anpassungen bei Relationen zwischen Designbereichen und Anforderungen vorgenommen werden oder weitere Anforderungen in das Relationsmodel eingefügt werden, so kann die Visualisierung der Relationen[56] mit geringem Aufwand aktualisiert werden.

4.4 Parametermodell technischer Soll-Eigenschaften

Im Abschnitt 4.1 wurde das Vorgehen zur Erhebung der besonders designrelevanten Anforderungen beschrieben. An dieser Stelle soll das dortige Ergebnis einer strukturierten Liste in ein rechnerverarbeitbares Format überführt werden. Dieser Schritt der Wissenstransformation ermöglicht den späteren Zugriff durch ein CAD-System zur Visualisierung der Leitgeometrien im Zusammenspiel mit den Designoberflächen innerhalb eines Knowledge Based Engineering Ansatzes[57]. Die Einordnung in den Gesamtmethodenansatz verdeutlicht Abbildung 4.31.

---

[56] Für weitere Informationen zur Visualisierung vielschichtiger Systemzusammenhänge in der technischen Entwicklung siehe z. B. die Ausführungen von BEIER in [Bei14].

[57] Für weitergehende Informationen zu den Themen Wissensanalyse, -strukturierung und -implementierung in einem KBE-Ansatz sei z. B. auf die Ausführungen von WIESNER in [Wie15b], STJEPANDIĆ ET AL. in [Stj15] sowie auf LA ROCCA in [LaR12] verwiesen.

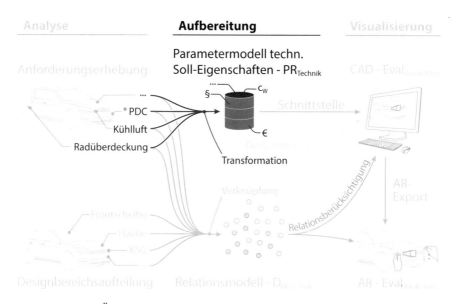

Abbildung 4.31: Überführen der besonders designrelevanten Anforderungen in ein Parametermodell innerhalb des Methodenansatzes

In Abschnitt 4.1. wurde das Ziel der Leitgeometrien definiert. Dies ist die sinnfällige Anforderungsberücksichtigung durch die Schnittmengenbildung zwischen der Designaußenhaut und der jeweiligen Leitgeometrie. Um dieses Ziel zu erreichen, müssen die besonders designrelevanten Anforderungen in ein CAD-lesbares Parametermodell *transformiert* werden. Dieses Parametermodell umfasst die Attribute, welche die Gestalt der jeweiligen Leitgeometrie eindeutig festlegen. Diese Attribute lassen sich in *geometriedefinierende* und *entscheidungsunterstützende* Attribute aufschlüsseln:

Geometriedefinierende Attribute beziehen sich sowohl auf die konkrete geometrische Ausprägung der Leitgeometrien als auch auf deren Orientierung und Position in Relation zu der untersuchenden Designaußenhaut.

Entscheidungsunterstützende Attribute beziehen sich auf die Priorität und Verhandelbarkeit der jeweils als Leitgeometrie dargestellten Anforderung. So kann etwa zwischen nicht verhandelbaren Anforderungen wie Zulassungsanforderungen und verhandelbaren Anforderungen aus Konstruktionsvorgaben unterschieden werden.

Eine Voraussetzung für die Nutzung der bereits erfassten Anforderungen in einem KBE-System ist nach VDI 5610 deren vollständige Quantifizierung

[VDI15]. Entsprechend der Ausführungen in Abschnitt 4.1 unterscheiden sich die gesammelten Anforderungen im Formalisierungsgrad. Dementsprechend ergibt sich das Ziel für diesen Abschnitt, aus den jeweiligen Anforderungen die nötigen Attribute für die Leitgeometrievisualisierung abzuleiten.

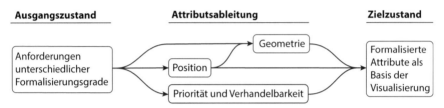

Abbildung 4.32: Arbeitsschritte zum Erarbeiten des Parametermodells

Diese Überführung von dem Ausgangs- in den beschriebenen Zielzustand ist in Abbildung 4.32 dargestellt. Zunächst werden anhand des Ausgangszustandes die Attribute für die Position der Leitgeometrien abgeleitet. Diese haben zusätzlichen Einfluss auf die Attribute der geometrischen Ausprägung, welche im folgenden Schritt abgeleitet werden. Abschließend werden die entscheidungsunterstützenden Attribute für Priorität und Verhandelbarkeit der Anforderungen behandelt. Diese einzelnen Arbeitsschritte der Attributableitung werden jeweils in den folgenden Abschnitten als Flussdiagramme dargestellt, wobei die einzelnen Entscheidungs- und Arbeitsschritte im Detail erläutert werden.

4.4.1   Position

Den ersten Schritt in der Erzeugung der gestaltbestimmenden Leitgeometrieattribute bildet die Attributableitung für die Position. Die Position bestimmt anhand dreidimensionaler, kartesischer Koordinaten die Verortung der Leitgeometrie. Die im Folgenden dargestellten Ablaufschritte[58] zur Herleitung der Attribute für die Leitgeometrieposition sind im Flussdiagramm in Abbildung 4.33 zusammengefasst.

---

[58] Anhang A1 illustriert den zusammengesetzten Ablaufplan.

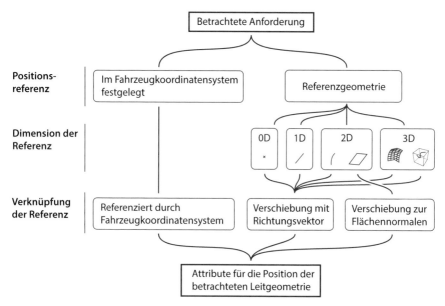

Abbildung 4.33: Flussdiagramm zur Ableitung der Attribute zur Lagebestimmung der Leitgeometrien

Zunächst ergibt sich als erster Ablaufschritt eine Unterscheidung bei der *Positionsreferenz* der Leitgeometrien, wobei zwischen der *Festlegung innerhalb des Fahrzeugkoordinatensystems*[59] und den *Referenzgeometrien* unterschieden wird:

Im *Fahrzeugkoordinatensystem festgelegte* Positionsreferenzen entsprechen der in der Automobilbranche üblichen Bauteilpositionierung innerhalb von CAD-Modellen auf Gesamtfahrzeugebene. Dabei werden die einzelnen Komponenten und Baugruppen nicht durch Relationen zueinander ausgerichtet, sondern bereits in ihrer finalen Lage konstruiert. Die Unterscheidung zwischen diesen Positionierungsarten verdeutlicht Abbildung 4.34.

---

[59] Die jeweiligen Hersteller legen ein globales Referenzkoordinatensystem innerhalb der CAx-Modelle fest, welches Fahrzeugkoordinatensystem genannt wird. Die einzelnen Hersteller unterscheiden sich vor allem in Ursprung und Achsrichtung.

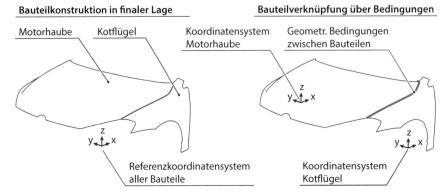

Abbildung 4.34: Vergleich der absoluten (links) und relative Positionierung (rechts)
innerhalb von CAD-Systemen

Alle Bauteile beziehen sich dabei auf das globale Referenzkoordinatensystem
und sind somit bereits korrekt positioniert[60]. Übertragen auf die Leitgeomet-
riepositionierung trifft dieser Fall insbesondere auf vorgegebene Einbaubereiche
zu. Als Beispiel sei die Mindesteinbauhöhe von Scheinwerfern genannt.

Während bei einer im Fahrzeugkoordinatensystem direkt festgelegten Positionierung die Attribute in Form von Koordinaten bereits feststehen, bedürfen Anforderungen, welche sich auf *Referenzgeometrien* beziehen, zusätzlicher Formalisierung. Referenzgeometrien sind bereits bekannte Merkmale des technischen
Fahrzeugmodells oder der Designoberflächen. Diese Referenzgeometrien können unterschiedlicher Dimension sein:

Nulldimensionale Referenzen sind Punkte, so zum Beispiel die sogenannten
Hardpoints, welche maßgeblichen Einfluss auf die Fahrzeuggestalt haben.
Als Beispiel sei der H-Punkt genannt, welcher die Position der Hüfte eines
Fahrzeuginsassen definiert. Anhand anthropometrischer Auslegungen erge-
ben sich durch diesen Referenzpunkt viele Anforderungen an die ergonomi-
sche Innenraumgestaltung. [Mac14]

Eindimensionale Referenzen sind Geraden im Raum. Ein Beispiel hierfür ist
der Sichtstrahl der Haubensicht. Dieser verläuft zwischen dem Auge des
Fahrers und berührt die Motorhaube als Tangente, bis er auf die Fahrbahn
trifft. [Mac14]

---

[60] Für weitere Informationen zu Bauteilpositionierungen und -gliederungen in der Automobilbranche siehe HARRICH in [Har14, S. 51–54] und HIRZ in [Hir13a, S. 294–301].

Zweidimensionale Referenzen lassen sich in Ebenen und in Ebenen verlaufenden Kurven aufschlüsseln. Als Beispiele für Ebenen lässt sich die bereits angesprochene Referenzfahrbahn nennen. Bei in Ebenen verlaufenden Kurven sind insbesondere Projektionen von Bauteilgeometrien auf Ebenen genannt. Dazu zählen etwa die Lüftungsausströmer des Innenraums mit einzuhaltenden Mindestquerschnitten. [Rep13]

Dreidimensionale Referenzen lassen sich in Freiformflächen und Kurven im Raum aufteilen. Als Beispiele für Freiformflächen treten insbesondere Designoberflächen hervor oder eben die Oberseite des bereits genannten Motorblocks. Ein Beispiel für dreidimensionale Raumkurven ist die Vorderkante der Motorhaube. Diese sollte bei Bagatellunfällen nicht beschädigt werden, um kostspielige Reparaturen zu vermeiden.

Aus der Dimension der Referenzgeometrien ergibt sich die Art der Referenzverknüpfung, welche sich in drei Gruppen aufteilen lässt:

Verschiebungen mit Normalenvektor treten bei einer Positionsreferenzierung mit Ebenen auf. Da der Normalenvektor der Ebene immer in die gleiche Richtung zeigt, ist lediglich die Verschiebung zur Referenzebene als Attribut zu speichern.

Verschiebungen mit Richtungsvektor sind bei Positionsreferenzierungen anzuwenden, die keine Ebenen sind. Eine Unterscheidung zu Verschiebungen mit Normalenvektor ist nötig, da zusätzlich zum Versatz der Leitgeometrie auch die Versatzrichtung als Attribut in dem Parametermodell hinterlegt werden muss.

Referenzierungen durch das Fahrzeugkoordinatensystem ergeben sich, sofern die Position der Leitgeometrie im Fahrzeugkoordinatensystem festgelegt ist. Im Gegensatz zu der Positionierung mit Referenzgeometrien sind bei diesen Fällen keine weiteren Formalisierungsschritte nötig.

Der besprochene Versatz kann in einigen Fällen den Wert null annehmen. Dies tritt insbesondere bei der Bauteilüberarbeitung von Modellpflegen[61] auf. So werden üblicherweise einzelne Bauteile, wie die Stoßfängerabdeckung, neugestaltet, andere Bauteile, wie der Kotflügel, jedoch nicht. Daraus ergibt sich, dass die Gestalt der neuen Stoßfängerabdeckung am Übergangspunkt zum Kotflügel

---

[61] Als Modellpflege wird die optische und technische Überarbeitung eines Fahrzeugmodells bezeichnet. Es ist der englische Ausdruck *facelift* gebräuchlich.

der ursprünglichen Gestalt entsprechen muss. Somit wird ein stetiger Übergang der Designaußenhaut zwischen den beiden Bauteilen gewährleistet.

4.4.2 Geometrische Ausprägung

Aufbauend auf den Attributen zur Positionierung werden die Attribute für die Festlegung der Geometrie abgeleitet. Der Ausgangspunkt der Geometriefestlegung ist die jeweils betrachtete Anforderung sowie die während der Ableitung der Attribute zur Position betrachtete Positionsreferenz. Dementsprechend muss, wie in Abbildung 4.32 dargestellt, die Ableitung der Attribute zur Position der Leitgeometrie zwingend vor der Ableitung der Attribute zur Geometrie vorgenommen werden. Der generelle Ablauf ist im folgenden Flussdiagramm dargestellt.

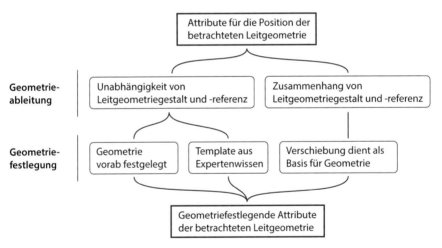

Abbildung 4.35: Ableitung der Attribute zur Festlegung der geometrischen Merkmale der Leitgeometrien

Im ersten Schritt muss eine prinzipielle Einteilung bezüglich der Geometrieableitung vorgenommen werden, wobei zwei Fälle unterschieden werden können:

Unabhängigkeit von Leitgeometriegestalt und -referenz impliziert, dass die geometrischen Merkmale der Leitgeometrie losgelöst von der Referenz der Positionierung zu betrachten sind.

Zusammenhang von Leitgeometriegestalt und -referenz bedeutet eine direkte Abhängigkeit der geometrischen Ausprägung der Leitgeometrie und der zugrundeliegenden Positionierungsreferenz.

Eine Einteilung in die Kategorie zur *Unabhängigkeit von Leitgeometriegestalt und -referenz* ist vorzunehmen, sofern die Geometrie *vorab festgelegt* wurde oder ein *Template aus Expertenwissen* erstellt werden muss.

Bei einer Vorabfestlegung der geometrischen Merkmale einer Leitgeometrie handelt es sich um eine Definition der geometrischen Gestalt durch technische Fachexperten aus anderen Bereichen als dem Fahrzeugdesign. Diese Geometrieart ist insbesondere dann nötig, wenn für die Festlegung der Leitgeometrie detailliertes Spezialwissen und Methodenkenntnis erforderlich sind. Beispiele hierfür sind die Anforderungen an die Designaußenhaut, welche sich erst nach aufwändigen Crashsimulationen als quantitative Werte formalisieren lassen.

Die *4 km/h-Line* kann als Beispiel für Leitgeometrien mit vorab festgelegten geometrischen Merkmalen herangezogen werden. Diese Geometrie ergibt sich aus der Anforderung, bei einem frontalen Auffahrunfall an eine starre Barriere bei der Geschwindigkeit von 4 km/h möglichst nicht die Motorhaube zu beschädigen. Diese Vorgabe ist schematisch in Abbildung 4.36 dargestellt.

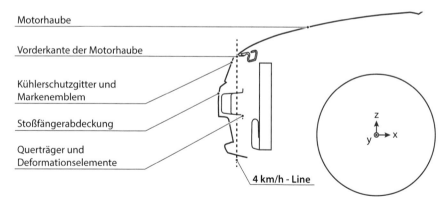

Abbildung 4.36: Schemadarstellung der 4km/h-Linie in der Vorderwagenschnittansicht

Der beschriebene Fall ist ein üblicher Test der Versicherungswirtschaft, um die Reparaturkosten von Fahrzeugen bei typischen Unfallschäden einzuschätzen. Eine Beschädigung der Motorhaube würde zusätzliche Reparaturkosten verursachen, was in einer schlechteren Versicherungsklasse für das Fahrzeug resultieren würde. Dies würde wiederum zu Mehrkosten für den Kunden führen und ist daher vertriebsrelevant. Es wird ersichtlich, dass es erheblichen Simulationsaufwandes und Expertenwissens bezüglich der Deformation der Komponenten des Vorderwagens bei dem beschriebenen Schadensfall bedarf, um die Position der Linie zu ermitteln.

Der Ablauf zur Erzeugung dieser Art von Leitgeometrien ist in Abbildung 4.37 illustriert. Dieser umfasst eine Analyse von Produkteigenschaften, auf die bereits in Abschnitt 4.1.1 näher eingegangen wurde.

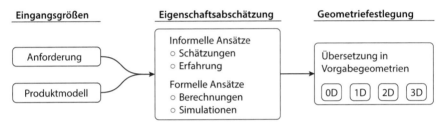

Abbildung 4.37: Vorabfestlegung der geometrischen Merkmale von Leitgeometrien durch Fachexperten

Die Anforderung, deren Darstellung durch Geometrien spezielle Fach- und Methodenkenntnis erfordert, fließt als Eingangsgröße in den Ablauf ein. Zusätzlich wird ein für die Analyse, also für eine Eigenschaftsabschätzung, passendes Produktmodell benötigt. Die Eigenschaftsabschätzung wird anhand informeller Ansätze, wie z. B. *Schätzen* oder *Erfahrung* sowie formeller Ansätze wie z. B. *Berechnungen* oder *Simulationen* durchgeführt.

Die Abschätzung, wie sich das Produkt in Bezug auf die betrachtete Anforderung verhält, dient als Basis für die eigentliche Geometriefestlegung durch die Fachspezialisten. Diese umfasst ein Übersetzen der abgeschätzten Produkteigenschaften in Vorgaben an die geometrischen Merkmale der Designaußenhaut. Diese Vorgaben können als *Vorgabegeometrien* in Form von 0D-, 1D-, 2D- und 3D-Objekten erfolgen.

Das Ergebnis des beschriebenen Ablaufs sind die vorab definierten, geometrischen Merkmale der Leitgeometrien. Diese liegen als CAD-Datensätze vor. Somit werden die Speicherorte dieser CAD-Datensätze zur späteren Nutzung als Attribute vermerkt. Allerdings lassen sich diese Typen von Leitgeometrien in der späteren Visualisierung innerhalb der CAS-/CAD-Modelle nicht variieren. Dies begründet sich damit, dass deren geometrische Merkmale nicht über analytisch hergeleitete Parameter definiert werden.

Bei einem *Template aus Expertenwissen* handelt sich um den zweiten Fall von Leitgeometrien, deren geometrische Merkmale von den *Positionsreferenzen unabhängig* sind. Im Vergleich zu den oben behandelten Leitgeometrien, deren *geometrische Merkmale vorab festgelegt sind*, besteht ein hauptsächlicher Unterschied. Dieser liegt darin, dass die Leitgeometrien nicht projektspezifisch in ihrer geometrischen Ausprägung statisch festgelegt werden. Stattdessen kann die geometrische Ausprägung der Leitgeometrien über Parameter gesteuert werden. Somit können, wie in Abschnitt 4.1 beschrieben, durch gezielte Parametervariation alternative Vorschläge technischer Solleigenschaften direkt visualisiert und mit den Designoberflächen abgeglichen werden.

Der Grund, dass die geometrische Ausprägung dieser Leitgeometrien über Parameter gesteuert werden kann, liegt in den nötigen Analysemethoden zur Abschätzung der Produkteigenschaften. Es sind keine rechnergestützten, formalen Methoden wie die angesprochenen Crashsimulationen nötig. Stattdessen können durch analytische Betrachtungen der Anforderungen die geometrischen Zusammenhänge aus den Soll-Eigenschaften abgeleitet werden. Dieser Ablauf wird in Abbildung 4.38 veranschaulicht.

Abbildung 4.38: Erstellen von Templates aus Expertenwissen

Die *Eingangsgröße* ist in dem beschriebenen Fall die jeweilige Anforderung. Darauf folgt die analytische Betrachtung durch Fachspezialisten. Analytische Betrachtung bedeutet, dass die Anforderungen und deren Zusammenhänge mit den Designoberflächen in der Gesamtheit durch den Modellierer[62] der Templates mental erfasst werden. Dieses Vorgehen bildet die Basis für die Templateerstellung[63].

---

[62] Siehe etwa STECHERT in [Ste10, S. 37–39], AVGOUSTINOV in [Avg07, S. 7] sowie STEINBUCH in [Ste77, S. 12] zum Vorgang der Erstellung semantischer Modelle.

[63] CAD-Templates sind Lösungsmuster, welche anhand von Soll-Eigenschaften passende Lösungsmerkmale festlegen. vgl. VAJNA ET AL. in [Vaj09, S. 40].

Die Templateerstellung ist zweigeteilt. Zunächst muss die Geometrie erdacht werden, welche die Anforderungen als Geometrie repräsentiert. Die Darstellung als Geometrie muss dabei den gleichen Eigenschaften[64] genügen, welche sonst auch für die Anforderungen nötig sind. Dies sind z. B. Konsistenz und Eindeutigkeit. Im zweiten Schritt sind passende Parameter zu ermitteln, die die erdachte Geometrie eindeutig festlegen. Diese Parameter müssen direkt mit den ursprünglichen Anforderungen verknüpft sein, was z. B. über mathematische Abhängigkeiten definiert werden kann.

Die ermittelten Parameter sind in dem Parametermodell zu speichern. Die ebenfalls erdachte Ausprägung der Geometrie ist innerhalb eines CAD-Modells umzusetzen, welches eine Schnittstelle zu der Parameterdatenbank aufweist. Auf dieses Vorgehen wird in Abschnitt 4.5.1 noch näher eingegangen. Ein Beispiel für Anforderungen dieser Art sind beispielsweise benötigte Abstrahlkegel von Nebelscheinwerfern, welche die Designaußenhaut nicht schneiden dürfen[65].

Bei der zweiten Art der Geometrieableitung besteht ein direkter *Zusammenhang zwischen den geometrischen Merkmalen der Leitgeometrie und deren Positionierungsreferenz*. Im Umkehrschluss bedeutet dies, dass die geometrischen Merkmale des Referenzelements bereits ein Teil der späteren Leitgeometrie sind. Diese Art der Leitgeometrie tritt zumeist bei einzuhaltenden Freiräumen zwischen den Bauteilen und der Designaußenhaut auf.

Ein wesentlicher Unterschied zu den *Templates aus Expertenwissen* besteht im Vorgehen der Formalisierung der Anforderungen. Dieses besteht in der Extrusion[66] der Referenzgeometrie.

Im Zuge der Positionierung der Leitgeometrie wurde die Positionsreferenz bereits bestimmt. Die wesentliche Arbeit besteht nun darin, den Extrusionsvektor und dessen Länge zu bestimmen. Als Merkmale der Parameterdatenbank sind somit Richtung und Länge des Verschiebungsvektors sowie die Referenzgeometrie zu speichern. Ein Beispiel ist der benötigte Freigang zwischen Querträger und Designaußenhaut, was in Abbildung 4.39 illustriert ist.

---

[64] Stechert liefert in [Ste10, S. 206] eine Liste nötiger Eigenschaften von Anforderungen.

[65] Zugehörige, konkrete Beispiele werden an späterer Stelle im Abschnitt 5.3.1 der Ansatzumsetzung noch vorgestellt.

[66] In der Geometrie bezeichnet *Extrudieren* die Dimensionserhöhung eines Elements durch Parallelverschieben im Raum. [Dud17a]

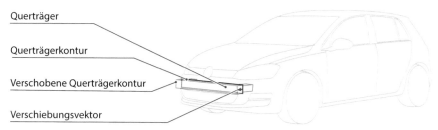

Abbildung 4.39: Abhängigkeit von geometrischen Merkmalen der Leitgeometrien und deren Positionsreferenz am Beispiel des Querträgers

Die Abbildung verdeutlicht, dass zwischen Designaußenhaut und Querträger-oberfläche ein Mindestabstand eingehalten werden muss. Diese benötigte Verschiebung ergibt sich aus der Summe der Dicke der Stoßfängerabdeckung, dem Deformationsschaum für den Fußgängerschutz sowie der mindestens benötigten Montage- und Fertigungstoleranz in Fahrtrichtung. Das Resultat ist die Länge des Verschiebungsvektors, dessen Richtung in diesem Fall die Fahrtrichtung des Fahrzeuges ist. Durch die Extrusion der Querträgeroberfläche durch den Verschiebungsvektor ergibt sich eine Leitgeometrie. Diese bildet die benötigten Abstände zwischen Querträger und Designaußenhaut als dreidimensionalen Körper ab.

4.4.3 Verhandelbarkeit

Der letzte Schritt bei der Ermittlung der gestaltfestlegenden Attribute bezieht sich auf die Kenntlichmachung der *Verhandelbarkeit* der Anforderungen. Diese Einordung in den Gesamtablauf der Attributsermittlung wird in Abbildung 4.40 verdeutlicht.

Die Klassifizierung der Anforderungen und somit der zugehörigen Leitgeometrien nach Verhandelbarkeit soll dem Formgestalter den *Freiheitsgrad* anzeigen, nach welchem die jeweilige Anforderung zu berücksichtigen ist. Grundsätzlich kann zwischen zwei Arten von Anforderungsprioritäten unterschieden werden[67]: Zum einen sind dies direkte gesetzliche Anforderungen an die Gestaltung der Designaußenhaut, etwa der Einbauhöhe des Abblendlichts. Diese Anforderungen sind zwingend einzuhalten und *nicht verhandelbar*. Zum anderen existieren Anforderungen an die Designaußenhaut, welche sich aus den Merkmalen techni-

---

[67] Vgl. hierzu die Unterscheidungen von Anforderungen in Abschnitt 4.2.1.

scher Lösungen zum Erreichen weiterer Anforderungen ergeben. Am Beispiel des Abblendlichts kann dies die benötigte Größe des Scheinwerfers sein, um eine ausreichende Fahrbahnausleuchtung zu erreichen. Diese Anforderungen an die Designaußenhaut sind innerhalb festgelegter Grenzen *verhandelbar*. So sind zum Beispiel mit optimierten Reflektorgeometrien kleinere Ausschnitte denkbar.

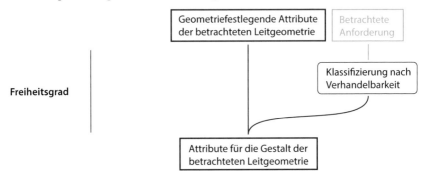

Abbildung 4.40: Einordnung der Verhandelbarkeit innerhalb der Attributsermittlung

Die angesprochene Unterscheidung nach Freiheitsgraden muss bei der späteren Leitgeometrievisualisierung, etwa durch farbliche Kennzeichnung, ersichtlich gemacht werden. Die Summe aus Geometrie und Farbgebung der Leitgeometrien ergibt schließlich die Gestalt der Leitgeometrie. Die Unterscheidung, welchem Freiheitsgrad eine Anforderung und somit eine Leitgeometrie zugeordnet werden kann, ist als Attribut in der Parameterdatenbank zu speichern.

4.4.4   Schematischer Aufbau der Parameterdatenbank

In den vorangegangenen Abschnitten wurde die Ableitung der gestaltbestimmenden Attribute zur grafischen Visualisierung von Anforderungen beschrieben. Dieser Abschnitt behandelt das Speichern der abgeleiteten Attribute, um diese für die spätere Anforderungsvisualisierung innerhalb eines KBE-Ansatzes[68] zugreifbar zu machen. Für die Strukturierung der Parameterdatenbank bietet es sich an, die gleiche Herangehensweise der Strukturierung der Fahrzeugdesignflächen aus Abschnitt 4.3 anzuwenden. Einen schematischen Aufbau der Parameterdatenbank nach diesem Strukturierungsmuster gibt Abbildung 4.41 wieder.

---

[68] Weitergehende Ausführungen zur Integration von KBE-Ansätzen in CAD finden sich z. B. in der VDI-Richtlinie 5610 [VDI15] und in [Har14].

Produktstruktur			Anforderung		Attribute		Attributwerte		
GH	TB	BB	Name	ID	Name	ID	Projekt 1	Projekt 2	Projekt 3
EXT	001	001	A1	001	Attr. 1	001_1	5	9	9
					Attr. 2	001_2	7	12	5
INT	054	003	A2	002	Attr. 3	002_1	2	3	7

Legende

GH: Gesamtheit EXT / INT   TB: Teilbereich   BB: Betrachtungsbereich

Abbildung 4.41: Schematischer Aufbau der Parameterdatenbank mit fiktiven Beispielen

Im linken Bereich der Abbildung ist die *Designproduktstruktur* dargestellt. Von links nach rechts werden die einzelnen Anforderungen zunächst nach der *Gesamtheit des Exterieurs* oder *Interieurs*, dann in *Teilbereiche* und schließlich in *Betrachtungsbereiche* aufgeschlüsselt. Diese Strukturierung dient der späteren Pflege der Datenbasis, sodass Nutzer auf einfache Weise neue Anforderungen einfügen oder bestehende Anforderungen zur Bearbeitung wiederfinden können. Im weiteren Verlauf von links nach rechts werden nun *Anforderungsname* und -*ID* zur eindeutigen Zuordnung durch das KBE-System festgehalten.

Hierauf folgen die einzelnen abgeleiteten *Attribute* der Leitgeometrievisualisierung. Diese sind jeweils mit Name und ID abzuspeichern. Die zugehörigen Werte zu den Attributen werden fahrzeugprojektspezifisch abgelegt. Dies bedeutet, dass für die Attribute der einzelnen Anforderungen unterschiedliche Werte abgespeichert und später im KBE-System geladen werden können. Dieses Vorgehen liegt darin begründet, dass gesetzliche Rahmenbedingungen fahrzeugprojektübergreifend zwar gleich sind, bei den weiteren Attributen jedoch projektspezifische Werte zu erwarten sind, so z. B. die exakte Position der Abschleppöse im Fahrzeugkoordinatensystem.

4.5 Anforderungsvisualisierung und Steuerung

In den vorangegangenen Abschnitten wurde das Parametermodell technischer Soll-Eigenschaften besprochen. Im Folgenden wird auf die Visualisierung der erarbeiteten Parameter als Leitgeometrien eingegangen. Die Einordung in den Gesamtkontext des Methodenansatzes thematisiert Abbildung 4.42.

Dazu wird zunächst auf die Datenschnittstelle zwischen der Wissensbasis des Parametermodells und einem CAD-System eingegangen. Darauf aufbauend wird der Ansatz der visuellen Evaluation der Designflächen sowohl anhand nicht-stofflicher als auch stofflicher Designmodelle beschrieben. Dies geschieht, indem die Leitgeometrien zunächst innerhalb eines CAD-Modells mit Designdaten verknüpft werden. Die in diesem Zuge erzeugten Leitgeometrien werden anschließend durch einen Export in ein Augmented Reality-System übertragen, um sie zusätzlich auch bei stofflichen Modellen einsetzen zu können. Dieser Vorgang wird durch das in Abschnitt 4.3.1 dargelegte Relationsmodell unterstützt.

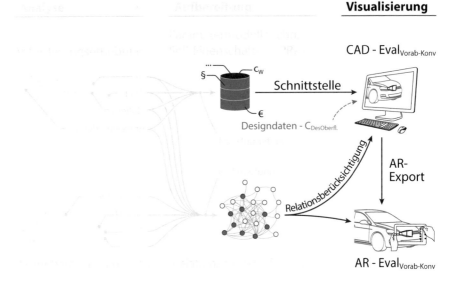

Abbildung 4.42: Einordung der Visualisierung in den Gesamtmethodenansatz

4.5.1   Schnittstelle

In Abschnitt 4.4.2 wurde das Erstellen von KBE-Templates angesprochen. Dieses so gespeicherte Expertenwissen legt zusammen mit den in der Parameterdatenbank gespeicherten Attributen die Gestalt der Leitgeometrien fest. An dieser Stelle wird beschrieben, wie die Parameter der außerhalb des CAD-Systems gelegenen Datenbasis mit den Templates verknüpft werden. Zusätzlich wird besprochen, wie die Parameter, entsprechend der Ausführungen in Abschnitt 4.1, zur Visualisierung alternativer technischer Randbedingungen *variiert* werden können. Die prinzipielle Schnittstelle zwischen der Parameterdatenbank und einem CAD-System wird in Abbildung 4.43 am Beispiel eines Zylinders veranschaulicht.

Die Parameterdatenbank in der Abbildung entspricht in ihrem Aufbau den Ausführungen in Abschnitt 4.4.4. Für das Beispiel sind die Attribute für den Radius

und die Höhe des Zylinders dargestellt. Das Auslesen dieser externen Kontroll-
parameter fällt der *Schnittstelle* zu. Für die explizite Umsetzung der Schnittstelle
sind diverse Programmiersprachen geeignet, wobei sich nach VDI-RICHTLINIE
5610 auf den Zugriff und die Steuerung der Microsoft-Office-Produktfamilie
besonders die Skriptsprache Visual Basic for Applications (VBA) anbieten würde [VDI15].

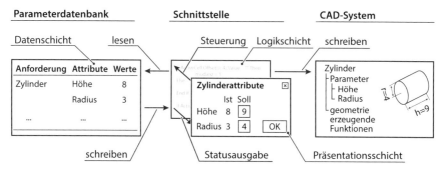

Abbildung 4.43: Schematische Darstellung der Kopplung eines CAD-Systems und der
Parameterdatenbank über eine Schnittstelle

Die Summe aus Parameterdatenbank und Schnittstelle lässt sich als mehrschich-
tige Systemarchitektur auffassen, die bei Datenbankapplikationen üblich ist. So
entspricht die Parameterdatenbank der *Datenschicht*, welche die Daten und das
Wissen enthält, wie diese abzuspeichern sind. Die Schnittstelle selbst kann in
eine *Präsentations-* und *Logikschicht* aufgeteilt werden[69]. Dabei bildet die Präsentationsschicht die Schnittstelle zum Benutzer, indem sie dem Nutzer Eingabemöglichkeiten bietet und die Befehle und Eingaben an die Logikschicht wei-
terleitet. Im Beispiel werden die in der Datenschicht hinterlegten Parameter
angezeigt, wobei der Nutzer diese durch Eingabefelder manuell übersteuern
könnte. Ebenso ist als Nutzerunterstützung eine optionale grafische Darstellung
von erlaubten Wertebereichen der Parameter denkbar.

Die Logikschicht enthält die eigentliche Programmierintelligenz. Diese setzt die
gewünschten Aktionen des Nutzers durch Algorithmen um, indem Daten gele-
sen, geschrieben und Operationen ausgeführt werden. Die Logikschicht ist zu-

---

[69] Die oft verwendeten englischen Fachbegriffe für Datenschicht, Präsentationsschicht
und Logikschicht sind *back end, front end* sowie *middle tier*. Für weitere Ausführungen in Bezug auf Datenbankprogrammierung sei z. B. auf die Ausführungen von STEI-
NER in [Ste17] verwiesen.

sätzlich mit einem Schreibzugriff an das CAD-System gekoppelt. Innerhalb des CAD-Systems übergibt die Logikschicht die vom Nutzer gewählten, externen Parameter an das *CAD-interne Parametersystem*. Diese internen Parameter wiederum steuern die *geometrieerzeugenden Funktionen* des der Anforderung zugehörigen KBE-Templates. Im gewählten Beispiel wird dies an dem erzeugten Zylinder deutlich, der die vom Nutzer in der Schnittstelle definierten Parameter aufweist.

4.5.2 Visuelle Evaluation

Die visuelle Evaluation *CAD-Eval$_{Vorab-Konv}$* der geometrischen Merkmale der Designaußenhaut läuft innerhalb der Benutzeroberfläche des CAD-Systems ab, was schematisch in Abbildung 4.44 dargestellt ist.

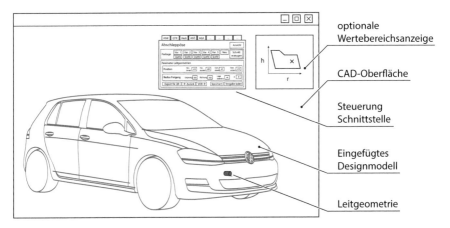

Abbildung 4.44: Schematische Darstellung des visuellen Abgleichs von Designoberflächen und Leitgeometrien.

In der Abbildung wird das in das CAD-System geladene, nicht-stoffliche Designmodell illustriert. Zusätzlich befindet sich die im vorherigen Abschnitt besprochene Präsentationsschicht der Schnittstelle im Vordergrund des CAD-Systems, um die Leitgeometrien im direkten Vergleich mit dem Designmodell steuern zu können. Der Nutzer wird dabei durch eine *Wertebereichanzeige* der steuerbaren Parameter bei deren Variation unterstützt. In der Abbildung wird deutlich, dass das Beispiel des erzeugten Zylinders den benötigten Freiraum für die Abschleppöse in der Fahrzeugfront[70] darstellt. Somit wird der in Abschnitt 4.1.1 erläuterte, visuelle Abgleich von Soll-Eigenschaften und den Merkmalen der nicht-stofflichen Designaußenhaut ermöglicht.

Zusätzlich zu dem Abgleich der Leitgeometrien mit nicht-stofflichen Designmodellen ist der Abgleich mit stofflichen Designmodellen durch den in Abschnitt 4.1.2 angesprochenen Augmented Reality-Ansatz möglich. Dieser Abgleich AR-$Eval_{Vorab\text{-}Konv}$ wird durch einen *Export* der in dem CAD-System erzeugten Leitgeometrien ermöglicht. Durch dieses Vorgehen wird ein Augmented Reality-System als Visualisierungsmittel der bereits erzeugten Leitgeometrien nutzbar. Der Ablauf zur Nutzung lässt sich in folgende Einzelschritte aufteilen:

Das **Überführen** der bereits erzeugten Leitgeometrien in ein für das AR-System lesbare Datenformat bedeutet, dass die im CAD-System erzeugten und parametrisch beschreibbaren Oberflächendaten der Leitgeometrien umgewandelt werden. In Bezug auf die spätere Visualisierung hat dies den Hintergrund, dass aktuelle Hardwareschnittstellen auf die Verarbeitung von Dreiecken optimiert sind. Dementsprechend bietet sich eine Tesselierung der mathematisch beschreibbaren Oberflächendaten in Dreiecke an.

Nach den Ausführungen von BROLL in [Bro13] ergeben sich für die weiteren Schritte zur Darstellung der Leitgeometrien folgende Ablaufschritte[71]:

In der **Videoaufnahme** wird die Umgebung aus der Betrachterperspektive gefilmt. Dies ist nicht zwingend nötig, sofern bei der späteren *Ausgabe* ein Durchsichtvisualisierungsmittel[72] genutzt wird. Außerdem kann je nach *Trackingverfahren* das aufgenommene Bild zur Positions- und Lageabschätzung des Visualisierungsmittels genutzt werden.

---

[70] Die Abschleppöse wird nach dem Abziehen einer Schutzkappe der Stoßfängerabdeckung in den Querträger eingeschraubt, um das Fahrzeug abschleppen zu können. Dabei ist eine Mindestgröße der Abdeckkappe vorzusehen, um Montagetoleranzen ausgleichen zu können. Die Abdeckkappe sollte dabei aus Kostengründen nicht über Farbtrennungen verlaufen.

[71] Wie in Abschnitt 4.1.2 angesprochen, soll an dieser Stelle nur ein Kurzabriss zu technischen Themen bezüglich Augmented Reality gegeben werden. Für weiterführende Informationen sei z. B. auf die Ausführungen des VIRTUAL DIMENSION CENTER in [Vir10] verwiesen.

[72] Zu weiterführenden allgemeinen Informationen zu Durchsichtvisualisierungsmitteln, insbesondere Durchsichtdatenbrillen (engl.: see-trough head mounted Display), sei z. B. auf die Ausführungen von VOIGT ET AL. in [Voi14] hingewiesen.

Das **Tracking**[73] bezeichnet das Berechnen oder Schätzen der korrekten Position und Lage des Visualisierungsmittels relativ zum augmentierenden Objekt. Dieser Schritt ist notwendig, um die virtuellen Daten in der folgenden *Registrierung* aus der Betrachterperspektive korrekt überlagern zu können.

Die **geometrische Registrierung** bezieht sich auf das perspektivisch korrekte Einpassen der virtuellen Daten in die Realität. Auf Basis des Trackings werden die Koordinatensysteme von den Daten und der Realität so in Beziehung gesetzt, dass die Datenmodelle fest in der stofflichen Realität verortet erscheinen. Im beschriebenen fahrzeugtechnischen Anwendungsfall bedeutet dies, dass die Koordinatensysteme der Leitgeometrien und der stofflichen Modelle lediglich im Ursprung überlagert werden. Der Grund hierfür ist, dass die Koordinatensysteme bei stofflichen und nicht-stofflichen Designmodellen üblicherweise identisch sind.

Bei der **Darstellung** werden die durch die Registrierung in der stofflichen Realität verortenden, virtuellen Datenmodelle kameraperspektivisch korrekt wiedergegeben.[74] Zusätzlich wird das bereits aufgenommene Videobild durch die virtuellen Datenmodelle kameraperspektivisch korrekt überlagert.

Die **Ausgabe** bezeichnet die abschließende Ausgabe der augmentierten Videobilder auf einem geeigneten Visualisierungsmittel, welches in aller Regel ein Display oder eine Durchsichtbrille ist.

Der Abschluss des Methodenansatzes wird in Abbildung 4.45 wiedergegeben. Sie verdeutlicht, wie als Parameter formalisierte Anforderungen an die Merkmale der Designaußenhaut visualisiert werden können. Dabei ist die Darstellungsweise bei stofflichen und nicht-stofflichen Designmodellen identisch. Anhand des besprochenen Beispiels des Zylinders als geometrische Darstellung der Anforderungen bezüglich toleranzbedingter Freigänge wird deutlich, dass sowohl bei stofflichen als auch nicht-stofflichen Designmodellen eine identische Anforderungsrepräsentation in Form von Leitgeometrien möglich ist.

---

[73] Engl.: verfolgen.

[74] Es wird üblicherweise der im Englischen übliche Fachbegriff *render* verwendet.

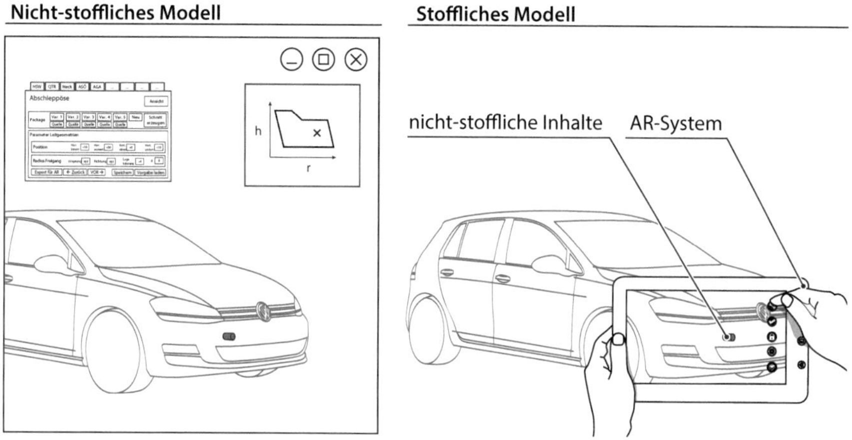

Abbildung 4.45: Schematische Darstellung des modellhybriden und synchronen Visuali-
sierens von Anforderungen in stofflichen und nicht-stofflichen Modellen

5 Anwendung des Methodenansatzes

Das im vorherigen Kapitel beschriebene Ansatzkonzept wird in diesem Kapitel anhand eines Praxisbeispiels veranschaulicht. Dazu werden die in Kapitel 4 beschrieben Ablaufschritte des Methodenansatzes anhand des Praxisbeispiels durchlaufen. Die praktische Anwendung des Methodenansatzes wird hierbei anhand einer prototypischen Anwendung demonstriert.

5.1 Anforderungsanalyse

In diesem Abschnitt wird zunächst die durchgeführte Anforderungserhebung anhand des in Abschnitt 4.2 dargestellten Vorgehens veranschaulicht. Aus der Menge der für den Ansatz identifizierten Anforderungen wird im Anschluss ein besonders anschauliches Beispiel näher erläutert und für die weiteren Schritte des Methodenablaufs als Anschauungsobjekt herangezogen.

5.1.1 Anforderungserhebung

Entsprechend der Ausführungen in Abschnitt 4.2.1 wurde zunächst eine *Initial-sammlung* der potentiell relevanten Anforderungen durchgeführt. Aufgrund des Umfanges der verfügbaren Informationen wurde eine Vorauswahl der *OEM-internen* und *frei verfügbaren* Wissensträger durchgeführt.

Bei den OEM-internen Wissensträgern lag der Fokus auf den Modellbewertungen über Projektlaufzeit zweier Serienfahrzeugprojekte, um die Praxisnähe des Ansatzes sicherzustellen. Zusätzlich wurde auf OEM-intern verfügbare Nachschlagewerke und Auslegungsrichtlinien zurückgegriffen. Bei den frei verfügbaren Wissensträgern lag das Augenmerk aufgrund der verfügbaren Informationsmenge in internationalen Gesetzestexten und Zulassungsrichtlinien auf zusammenfassender Literatur. Als Vertreter für allgemeine fahrzeugtechnische Belange wurde das Sammelwerk [Bra13a] von BRAESS und SEIFFERT herangezogen. Die Ausführungen von MACEY und WARDLE in [Mac14] legen zusätzlich den Fokus auf technische Belange, welche im direkten Wechselspiel mit der Gestaltung der Designoberflächen stehen. Ergänzend wurden Anschlussrecherchen zu den Literaturinformationen durchgeführt. Dazu wurden die Richtlinien der UNECE und FMVSS herangezogen.

© Springer Fachmedien Wiesbaden GmbH, ein Teil von Springer Nature 2018
U. Feldinger, *Hybride Modellnutzung in der automotiven Formfindung*,
AutoUni – Schriftenreihe 129, https://doi.org/10.1007/978-3-658-23452-2_5

Im Anschluss wurden die gesammelten Anforderungen entsprechend der Ausführungen in Abschnitt 4.2.2 *gefiltert*, *priorisiert* und *konsolidiert*. In diesem Schritt wurden zunächst, nach OEM-internen und öffentlich zugänglichen Wissensträgern getrennt, Dopplungen entfernt und Anforderungen mit direktem Einfluss auf die Designoberfläche priorisiert. Die bisher nach Zugänglichkeit der Wissensträger getrennt betrachteten Anforderungen wurden anschließend in einer Datenbasis konsolidiert und strukturiert aufgelistet. Das Ergebnis der strukturierten Liste ist ausschnittsweise in Abbildung 5.1 dargestellt, wobei in Summe 141 besonders designrelevante Anforderungen identifiziert wurden.

Beschreibung	Quelle	ID	TYP	Name
Die Impaktoren, welche unter bestimmten Geschwindigkeiten und Winkeln in einer definierten Prüfzone auf die Karosserie katapultiert werden, sind dem menschlichen Biomechanismus nachempfunden. Unterschieden wird in Bein-, Hüft-, Kinder- und Erwachsenenkopfaufprall	Safety Companion	249	AK	**Fußgängerschutz**
Test für die Belastung des Fußgängerkopfes bei Unfällen	Safety Companion	250	EA	Kopfaufprall
Test für die Belastung des Fußgängerbeines bei Unfällen. Insbesondere die Belastung des Knies wird geprüft.	Safety Companion	251	EA	Beinanprall
Test für die Belastung der Fußgängerhüfte bei Unfällen.	Safety Companion	252	EA	Hüftaufprall
Die Sensoren für die akustische und visuelle Hindernismeldung des Fahrers beim Parken unterliegen engen Wertebereichen für zulässige Einbaulagen.	Handbuch EXT+INT	274	EA	PDC/PLA

Abbildung 5.1: Ausschnitt der strukturierten Liste identifizierter Anforderungen mit besonderer Designrelevanz

Die Abbildung verdeutlicht, dass die Liste fünf Spalten enthält. Über einen Namen und zugehörige *ID* sind die einzelnen Anforderungen eindeutig benannt. Zusätzlich wird die *Quelle* der Anforderung festgehalten und eine *Beschreibung* der einzelnen Anforderung gespeichert. Zusätzlich wird über das Attribut *Typ* definiert, ob es sich bei der Anforderung um eine *Einzelanforderung* (EA) oder ob es sich um ein *Anforderungskollektiv* (AK) handelt. Die Verknüpfung von Einzelanforderungen und Anforderungskollektiven wird in Abschnitt 5.2.2 näher dargestellt. Im obigen Ausschnitt der Liste werden Anforderungen zum Fußgängerschutz sowie benötigte Einbaulagen für Park Distance Control-Sensoren (PDC-Sensoren) dargestellt. Diese Anforderung zur Sensorlage soll in den folgenden Abschnitten als Anschauungsbeispiel für die Methodenanwendung verwendet werden.

5.1.2   Anschauungsobjekt: Park Distance Control-Sensoren

Zu Beginn der Ansatzbeschreibung wurde in Abbildung 4.13, als Vorgriff auf die Methodenumsetzung, bereits die Darstellung von benötigten Abstrahlwinkeln des Fernlichts als Leitgeometrien angesprochen. An dieser Stelle sollen Anforderungen an die Einbaulage von PDC-Sensoren besprochen werden. Deren Platzierung in den Designoberflächen stellt nicht nur Anforderungen an den eigentlichen Sensorbauraum. Zusätzlich werden enge Randbedingungen an die Oberflächenorientierung der Designaußenhaut an der Sensoreinbaulage gestellt. Diese zusätzliche Dimension neben der Packageabstimmung erhöht die Abstimmungskomplexität zwischen Design und Technik erheblich.

Die Park Distance Control-Sensoren sind Bestandteil eines Fahrerassistenzsystems, das Hindernisse in Fahrrichtung beim Einparken erkennt und den Fahrer akustisch und visuell vor Kollisionen warnt. Im Allgemeinen wird die Detektion von Hindernissen über eine Anzahl miteinander verschalteter Ultraschallsensoren umgesetzt. In der Fahrzeugfront werden üblicherweise vier bis sechs solcher Sensoren verbaut, wobei die Sensoroberfläche zu diesem Zweck in die Designaußenhaut eingebettet werden muss. Vom ästhetischen Standpunkt her ist eine flächenbündige Einbettung anzustreben, was im linken Teil des Detailvergleichs in Abbildung 5.2 illustriert ist. Allerdings sind für eine zuverlässige Systemfunktion enge Grenzen für die Einbaulage und -orientierung der Sensoren gesetzt. Um diese zu erfüllen, kann es nötig sein, einen Trichter vorzusehen, sofern die nötige Sensororientierung in Einbaulage nicht mit der Orientierung der Designoberflächen an dieser Stelle übereinstimmt. Dieser zu vermeidende Fall ist auf der rechten Seite des Detailvergleichs in Abbildung 5.2 dargestellt.

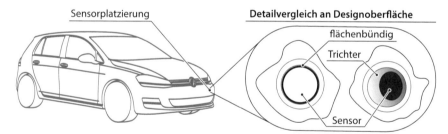

Abbildung 5.2: Detailvergleich von Flächenbündigkeit und Trichternutzung bei der Positionierung der PDC-Sensoren im Fahrzeugexterieur

Die zulässigen Wertebereiche für die Sensorlage lassen sich mit dem Wirkungsprinzip der Ultraschallsensoren erklären. Die einzelnen Sensoren strahlen Ultraschallimpulse aus, welche sich in kegelförmiger Richtung ausbreiten. Die Impulse werden von gegebenenfalls vorhandenen Hindernissen reflektiert, wobei das Echo des Impulses von den Sensoren registriert wird. Anhand der Laufzeit des Echos zu den einzelnen Sensoren kann der Abstand zum Hindernis und dessen Lage abgeschätzt werden. Für eine ausreichende Systemzuverlässigkeit müssen die Sensorinklinationen um die Hoch- und Querachse eines Fahrzeugs innerhalb zulässiger Wertebereiche liegen, was Abbildung 5.3 illustriert.

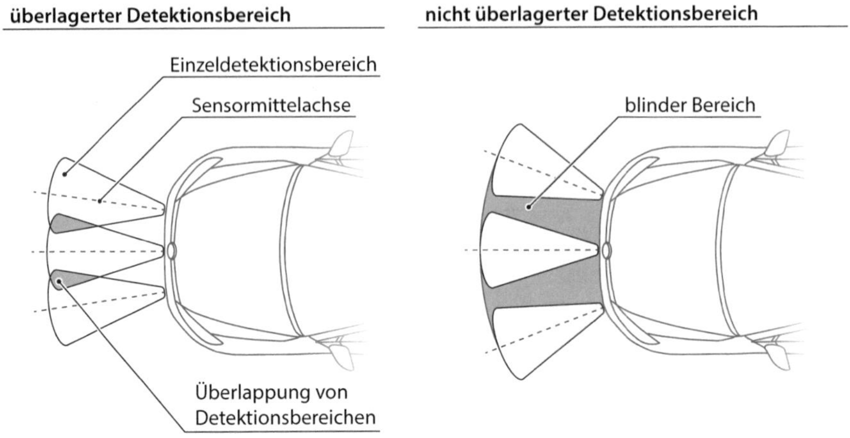

Abbildung 5.3:   Zulässige PDC-Sensorinklination um die Fahrzeughochachse

Im Fall des *überlagerten Detektionsbereiches* können die Lage und der Abstand von Hindernissen zuverlässig detektiert werden, da sich die Detektionsbereiche der einzelnen Sensoren überlappen. Aufgrund der Kegelförmigkeit der Detektionsbereiche ist die zulässige Inklination um die Hochachse somit vom Abstand der Sensoren zueinander abhängig. Im Fall des *nicht überlagerten Detektionsbereiches* sind die einzelnen Sensoren bezogen auf die Inklination um die Hochachse zu weit voneinander entfernt, so dass ein *blinder Bereich* entsteht, in dem das System keine Hindernisse detektieren kann. Dieser Fall ist unbedingt zu vermeiden.

Zusätzlich zu der Inklination um die Hochachse muss die zulässige Inklination um die Querachse des Fahrzeugs beachtet werden, was Abbildung 5.4 veranschaulicht. Bei der Inklination um die Fahrzeugquerachse ist ein bestmöglicher Kompromiss aus Sensorreichweite und der Detektion bodennaher Objekte anzustreben, was bei einer *zulässigen Inklination* erreicht wird. Bei einer zu *hohen Inklination* kann zwar die maximale Sensorreichweite ausgeschöpft werden, jedoch können niedrige Hindernisse vor dem Fahrzeug nicht mehr detektiert werden, was vermieden werden muss. Bei einer *zu niedrigen Inklination* können zwar bodennahe Hindernisse detektiert werden, jedoch muss die Sensorsensitivität aufgrund störender Bodenechos deutlich reduziert werden, was den Detektionsbereich in Fahrtrichtung deutlich reduziert. Dieser Fall ist somit ebenfalls zu vermeiden, da die Gefahr besteht, dass Hindernisse zu spät detektiert werden. Aufgrund der Kegelförmigkeit der Detektionsbereiche ist die zulässige Sensorinklination von der Einbauhöhe der Sensoren abhängig.

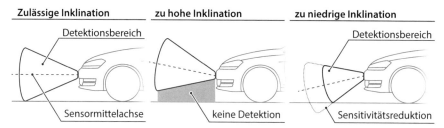

| Zulässige Inklination | zu hohe Inklination | zu niedrige Inklination |

Detektionsbereich   Detektionsbereich

Sensormittelachse   keine Detektion   Sensitivitätsreduktion

Abbildung 5.4: Zulässige PDC-Sensorinklination um die Fahrzeugquerachse

An dem Beispiel der PDC-Sensoren wird deutlich, dass die Komplexität der Anforderung die Möglichkeiten konventioneller Packagechecks übersteigt. Dies rührt daher, dass neben dem verfügbaren Bauraum in einer Einbaulage auch die von der Einbaulage abhängige Sensororientierung beachtet werden muss.

Die Sensororientierung muss außerdem mit der Oberflächenorientierung des Designs abgeglichen werden. Dabei sind die Sensoreinbaubereiche in ihrer Flächenorientierung miteinander verknüpft, da die Bedingungen für die Inklinationen um die Hoch- und Querachsen aller Sensoren zu allen Zeiten gemeinsam betrachtet werden müssen. Der ständige mentale Vorhalt dieser Zusammenhänge bei der Modellierung von ansprechenden Designoberflächen erscheint unwahrscheinlich. Insbesondere deshalb, da dies nur eine einzelne Anforderung neben weiteren ist, die auf die Oberflächengestaltung des Designs in den üblichen Einbaulagen der PDC-Sensoren einwirkt.

5.2   Designbereichsaufteilung und Anforderungsverknüpfung

Entsprechend der Ausführungen in Abschnitt 4.3 hat die Designbereichsaufteilung und Anforderungsverknüpfung das Ziel, Designbereiche miteinander zu verknüpfen. Zusätzlich werden die technischen Soll-Eigenschaften mit den Designoberflächen der Designbereiche in Beziehung gesetzt. Auf diese Weise wird der Formgestalter bei der Abschätzung der Auswirkung von Gestaltänderungen der Designaußenhaut hinsichtlich technischer Soll-Eigenschaften unterstützt.

Im Folgenden wird die praktische Umsetzung dieses Ziels in drei Abschnitten näher erläutert. Im ersten Abschnitt wird die Struktur der Designbereichsaufteilung dargelegt. Diese Aufteilung ist im zweiten Abschnitt die Basis für die Umsetzung und Befüllung des Datenmodells, wie es in Abschnitt 4.3.1 beschrieben wird. Im dritten Abschnitt wird anhand des Praxisbeispiels der PDC-Sensoren die graphische Auswertung des Datenmodells dargestellt.

5.2.1   Strukturmodell des Fahrzeugdesigns

Für das Beziehungsmodell sind die Designoberflächen zunächst in eine Produktstruktur aufzuteilen. Das Ziel ist eine hierarchische Produktstruktur von der
Gesamtheit des Exterieurs beziehungsweise *Interieurs* über *Teilbereiche* hin zu
Betrachtungsbereichen. Hierbei bietet es sich an, die in Abschnitt 4.3.1 beschriebene und in der Automobilindustrie verbreitete Produktstruktur konventioneller Fahrzeuge als Basis heranzuziehen. Diese umfasst die Subsysteme *Aggregat, Antriebsstrang, Fahrwerk, Interieur, Exterieur, Karosserie* sowie *Elektrik
und Elektronik*.

Es leuchtet ein, dass insbesondere die beschriebenen Subsysteme Karosserie,
Exterieur und Interieur durch Designoberflächen dargestellt werden. Aufgrund
der großen Schnittmenge lassen sich das Exterieur und die Karosserie zu dem
Gliederungspunkt Exterieur zusammenfassen.

Der Antriebsstrang wird nicht durch Designoberflächen dargestellt, daher wird
auf diesen nicht weiter eingegangen. Bezüglich des Subsystems *Aggregat* ist auf
den Punkt Motorraumdesign einzugehen. Dieses ist ein Spezialfall und hat insbesondere bei Sportwagen mit Mittelmotor einen großen Stellenwert im Gesamtdesign[75]. Bei Fahrzeugen des Volumensegments ist eine deutlich geringere
Priorität des Motorraumdesigns als den für Kunden üblicherweise nicht sichtba-
ren Fahrzeugbereich erkennbar[76]. Bei einer fortschreitenden Elektrifizierung der
Volumenmodelle der Hersteller ist von einer Fortsetzung dieses Trends auszugehen. Aus diesem Grund wird das *Aggregat* nicht weiter betrachtet.

Bei dem Subsystem *Fahrwerk* spielen aus Designsicht die Räder eine integrale
Rolle. Auch die Bremssättel zeichnen sich im gehobenen Segment durch Designrelevanz aus. Die weiteren Bestandteile dieses Subsystems, wie zum Beispiel die
Dämpfer oder die Aufhängung, werden nicht durch Designflächen dargestellt.
Aus diesem Grund wird das Fahrwerk nicht als Strukturbestandteil der Fahrzeugdesignflächen angesehen und die Räder und Bremssättel als Betrachtungsbereich dem Exterieur zugeordnet.

---

[75] Ein Beispiel ist hierzu ein durch eine Glasscheibe im Heck sichtbarer und großvolu-
     miger Verbrennungsmotor im Audi R8.

[76] Als Beispiel kann der Audi A2 von 1999 herangezogen werden. Dieses Modell verfüg-
     te über eine Serviceklappe in der Front, um Wischwasser nachzufüllen und Ölstand
     prüfen zu können. Ein Öffnen der Haube durch den Fahrer war im Normalbetrieb nicht
     vorgesehen.

Das Subsystem Elektrik und Elektronik hat aufgrund der Vielzahl an Sensoren einen großen Einfluss auf das Fahrzeugdesign. Es ist abzusehen, dass sich dieser Trend unter den Einflüssen des Autonomen Fahrens und dem damit verbundenen Sensorbedarf weiter verstärken wird. Aus Designsicht liegt die Hauptpriorität des technischen Verständnisses jedoch nicht auf der inneren Funktion der jeweiligen Sensoren. Stattdessen liegt es auf den Anforderungen an deren Verortung innerhalb der Designflächen und auf den Anforderungen an die Designflächen in den Sensoreinbaulagen. Dies wurde anhand der Beschreibung der Anforderungen an die Designaußenhaut durch die PDC-Sensoren in Abschnitt 5.1.2 verdeutlicht. Aus diesem Grunde werden die Sensoren den einzelnen Teilbereichen des Subsystems Exterieur zugeordnet.

Anhand der vorangegangen Ausführungen lässt sich die Gesamtheit des Exterieurdesigns in vier Teilbereiche aufschlüsseln. Diese Teilbereiche setzen sich wiederum aus Bauteile oder Baugruppen zusammen, welche im Folgenden beschrieben werden:

Der **Teilbereich Vorderwagen** umfasst als Betrachtungsbereiche die Haube, die Frontscheibe, den vorderen Wischer, den Wasserkasten[77], die Stoßfängerabdeckung, das Kühlerschutzgitter, das Lüftungsgitter, die Haupt- und Nebelscheinwerfer, die sonstige Außenbeleuchtung sowie die Sensoren der Front und das Markenemblem.

Der **Teilbereich Seite** umfasst als Betrachtungsbereiche das Seitenteil und die A-, B-, C- und D-Säule. Weiterhin umfasst dieser Teilbereich die Türen, die Außenspiegel, den Schweller, die Räder sowie die Sensoren der Seite.

Der **Teilbereich Dach** umfasst die Betrachtungsbereiche der Dachantenne, den Dachlastträger sowie die Sensoren des Dachs.

Der **Teilbereich Heck** umfasst die Betrachtungsbereiche der Heckklappe, die Heckscheibe, den Heckwischer, das Markenemblem, die SBBR, die sonstige Beleuchtung, die Stoßfängerabdeckung des Hecks, den Diffusor, die Endrohre sowie die Sensoren des Hecks.

Das Fahrzeuginterieur zeichnet sich im Vergleich mit dem Exterieur durch eine noch stärkere Beeinflussung der einzelnen Komponenten aus. Aus Sicht der Konvergenz zwischen Design und Technik bietet es sich somit an, der Gesamt-

---

[77] Als Wasserkasten wird der Bereich zwischen Motorhaube und Frontscheibe bezeichnet. Dieser Bereich beherbergt die Wischermotoren und bietet Abläufe für das von der Frontscheibe herabfließende Regenwasser.

heit des Interieurs direkt Betrachtungsbereiche zuzuordnen und auf eine Gliederung durch Teilbereiche zu verzichten. Eine Ausnahme bildet hier die Instrumententafel. Aufgrund von Strukturierungsvorteilen der Vielzahl von Anforderungen, die an sie gestellt werden, wird diese als Teilbereich des Interieurs
aufgefasst. Der Teilbereich Instrumententafel umfasst wiederum die Betrachtungsbereiche der Fahrerseite, der Mitte und der Beifahrerseite der Instrumententafel.

Die weiteren, direkt dem Interieur zugeordneten, Betrachtungsbereiche sind die
Mittelkonsole, die Türverkleidungen, die Sitze, die Säulenverkleidungen und der
Himmel, der Boden und der Fußraum, der Rückspiegel, das Lenkrad und der
Lenkstock sowie der Gepäckraum.

In Summe wurden für die Teil- und Betrachtungsbereiche für das Exterieur und
Interieur 51 Gliederungselemente definiert, welche die Designflächen des Exterieurs und des Interieurs abdecken[78].

5.2.2   Datenmodell und Elementverknüpfung

An dieser Stelle wird die in Abschnitt 4.3.2 besprochene Verknüpfung von Anforderungen und Designbereichen praktisch vorgenommen. Die Verknüpfung
dieser Elemente in einem gemeinsamen Datenmodell dient als Basis für die spätere grafische Auswertung.

Zur Erstellung einer gemeinsamen Eingabematrix für Designbereiche und Anforderungen bietet es sich an, die in Abbildung 5.1 ausschnittsweise dargestellte
Liste besonders designrelevanter Anforderungen als Ausgangsbasis zu verwenden. Die Erweiterung der Liste in eine Eingabematrix mit zugehöriger Adjazenzmatrix wird nachfolgend anhand Abbildung 5.5 beschrieben.

Im ersten Schritt wird die Liste um die Attribute *Link* und *Klasse* erweitert. Diese Attribute beziehen sich auf die bereits eingetragenen Anforderungen. Das
Attribut Link verknüpft die einzelne Anforderung oder das Anforderungskollektiv mit dem zugehörigen Datensatz des Parametermodells für die Leitgeometrievisualisierung, welche in Abschnitt 5.4 erläutert wird. Dies dient der Übersicht-
lichkeit der einzelnen Datenspeicher bei durchgängiger Datenverknüpfung. Das
Attribut Klasse stellt wie in der Parameterdatenbank die in Abschnitt 4.4.3 besprochene Verhandelbarkeit dar. Dabei wird zwischen *gesetzlicher Vorgabe* (§)
und *Konstruktionsrichtlinie* (KRL) unterschieden. Dass das Attribut der Verhan-

---

[78] Siehe Anhang A3 für die Gliederung der Designstruktur

delbarkeit ebenfalls in der Eingabematrix geführt wird, dient der im folgenden Abschnitt beschriebenen grafischen Relationsauswertung, welche zusätzlich zu den Leitgeometrien ebenfalls Rückschlüsse auf die Verhandelbarkeit von Anforderungen liefern soll.

Beschreibung	Link	Klasse	Quelle	ID	TYP	Name	Exterieur	Front	Haube	Frontscheibe	Wischer vo.	Wasserkasten	Kotflügel	Stoßfängerabdeckung	Fußgängerschutz	PDC/PLA
Das Fahrzeugexte...				100	G_E	**Exterieur**										
Die Fahrzeugfront...				101	T_E	**Front**	X									
Die Haube deckt d...				102	B_E	Haube		X								
Die Frontscheibe s...				103	B_E	Frontscheibe		X								
Der Wischer vorn ...				104	B_E	Wischer vo.		X	X	X						
Der Wasserkasten ...				105	B_E	Wasserkasten		X	X	X	X					
Der Kotflügel verh...				106	B_E	Kotflügel		X	X			X				
Die Stoßfängerab...				107	B_E	Stoßfängerabdeckung		X	X				X			
						Anforderungen										
Die Impaktoren, w...	Paramter_DB		Safety Companion	249	AK	**Fußgängerschutz**										
Beim Kopfaufprall ...	Paramter_DB	§	Safety Companion	250	EA	Kopfaufprall		X	X			X	X		X	
Beinaufprall wird ...	Paramter_DB	§	Safety Companion	251	EA	Beinanprall								X	X	
Hüftaufprall wird ...	Paramter_DB	§	Safety Companion	252	EA	Hüftaufprall		X						X	X	
Sensoren für Hind...	Paramter_DB	KRL	Handbuch EXT+INT	274	EA	PDC/PLA								X		

Abbildung 5.5: Ausschnitt der zu einer Eingabematrix mit zugehöriger Adjazenzmatrix erweiterten Liste besonders designrelevanter Anforderungen

Im zweiten Schritt wird die Liste um das im vorangegangenen Abschnitt besprochene Strukturmodell des Fahrzeugdesigns erweitert. In der Abbildung sind die *Gesamtheit des Exteriers* sowie der Teilbereich der *Front* mit den zugehörigen Betrachtungsbereichen ausschnittsweise dargestellt. Die Elemente des Strukturmodells nutzen ebenfalls die Attribute *Name* und *ID* zur eindeutigen Elementbenennung. Das Attribut *Beschreibung* liefert analog zu den Anforderungen eine Kurzinformation zu dem Element, wobei das Attribut *Typ* die hierarchische Stellung des Strukturelements definiert. Es wird hierbei zwischen der *Gesamtheit Exterieur* oder *Interieur* (G_E und G_I), dem *Teilbereich Exterieur* oder *Interieur* (T_E oder T_I) sowie dem *Betrachtungsbereich Exterieur* oder *Interieur* (B_E oder B_I) unterschieden.

Im dritten Schritt wird die erweiterte Liste um eine Adjazenzmatrix erweitert. Dazu ist im rechten Bereich der Abbildung eine Symmetrie aus Zeilen und Spalten des Attributs *Name* erstellt. Anhand dieser Adjazenzmatrix können die Relationen der Elemente in sinnfälliger Weise eingegeben werden. Die Matrix enthält als Attribut den Typ der einzelnen Elemente. Aus diesem Grund kann bei der Verknüpfung der Elemente auf eine weitere Definition des Relationstyps verzichtet werden; stattdessen ist die Definition einer ungerichteten Verknüpfung zwischen zwei Elementen ausreichend. Dies ist in der Abbildung durch das

Symbol **x** in der Adjazenzmatrix gekennzeichnet. Bei der im folgenden Abschnitt beschriebenen Auswertung der Eingabematrix kann anhand des jeweiligen Typs der verknüpften Elemente die hierarchische Stellung zueinander abgeleitet werden.

Im dargestellten Ausschnitt der Matrix zeigt sich, dass die *Front* des Fahrzeugs mit dem *Exterieur* verknüpft ist. Die Front selbst ist mit weiteren Betrachtungsbereichen des Exteriors verknüpft, zum Beispiel der *Haube*, der *Frontscheibe* oder dem *Kotflügel*. Die einzelnen Betrachtungsbereiche sind ebenfalls miteinander verknüpft, sofern sie geometrisch aneinander angrenzen. Dies ist zum Beispiel bei dem Kotflügel und der Haube der Fall.

Die einzelnen Anforderungen können Anforderungskollektiven zugeordnet werden. Zum Beispiel sind die Anforderungen hinsichtlich *Kopf-*, *Bein-* und *Hüftaufprall* dem *Fußgängerschutz* zuzuordnen. Diese Zuordnung dient dem späteren Auswerten nach speziellen Suchkriterien, in diesem Fall dem Fußgängerschutz. Die Einzelanforderungen selbst sind den Betrachtungsbereichen zugeordnet, welche sie üblicherweise beeinflussen. Im betrachteten Praxisbeispiel der PDC-Sensoren ist dies die *Stoßfängerabdeckung*.

5.2.3   Grafische Relationsauswertung

Die im vorangegangen Abschnitt dargestellte Verknüpfung von Anforderungen und Designgestaltungsbereichen bildet die Basis für eine rechnergestützte Erzeugung der grafischen Relationsauswertung. Der Vorgang der Relationsauswertung ist zweigeteilt. Im ersten Schritt wird das matrixbasierte Datenmodell in ein listenbasiertes Datenmodell umgewandelt. Im zweiten Schritt wird das listenbasierte Relationsmodell algorithmisch ausgewertet und in eine visuell intuitive *Graphdarstellung* überführt.

In Abschnitt 4.3.2 wurde auf die Vorteile der Relationsdefinition zwischen Elementen innerhalb einer symmetrischen Matrix eingegangen. Der Hauptvorteil liegt in der Handhabbarkeit bei der Eingabe und in Übersicht der Verknüpfungen bei der Betrachtung durch den Nutzer. Für eine rechnergestützte Weiterverarbeitung ist jedoch aus der Matrixdarstellung eine Listendarstellung zu erzeugen, in welcher die jeweiligen Relationen zwischen den Matrixelementen jeweils einzeln aufgelistet sind. Für die im Abschnitt 4.3.2 beschriebene Darstellung des Relationsmodells in Form eines *Graphen* mit *Kanten* und *Knoten* sind die Attribute der Kanten und Knoten aus der vorhandenen Matrix auszulesen. Dazu wird in Abschnitt 5.3.2 ein algorithmisches Vorgehen abgeleitet. Das auszugsweise Ergebnis dieses Vorgehens ist in Abbildung 5.6 dargestellt.

Knotenauswertung

ID	Name	Typ	Beschreibung
100	Exterieur	Gesamtheit Exterieur	Das Fahrzeugex...
101	Front	Teilbereich Exterieur	Die Fahrzeugfro...
102	Haube	Betrachtungsbereich Exterieur	Die Haube deckt...
103	Frontscheibe	Betrachtungsbereich Exterieur	Die Frontscheib...
104	Wischer vo.	Betrachtungsbereich Exterieur	Der Wischer vor...
105	Wasserkasten	Betrachtungsbereich Exterieur	Der Wasserkaste...
106	Kotflügel	Betrachtungsbereich Exterieur	Der Kotflügel ve...
107	Stoßfängerabdeckung	Betrachtungsbereich Exterieur	Die Stoßfängera...
249	Fußgängerschutz	Anforderungskollektiv	Die Impaktoren, ...
250	Kopfaufprall	Einzelanforderung	Beim Kopfaufpra...
251	Beinanprall	Einzelanforderung	Beinaufprall wir...
252	Hüftaufprall	Einzelanforderung	Hüftaufprall wir...
274	PDC	Einzelanforderung	Sensoren für Hin...

Kantenauswertung

Quell ID	Ziel ID	Kanten-Typ
101	100	T_E → G_E
102	101	B_E → T_E
103	101	B_E → T_E
104	101	B_E → T_E
104	102	B_E ↔ B_E
104	103	B_E ↔ B_E
105	101	B_E → T_E
105	102	B_E ↔ B_E
105	103	B_E ↔ B_E
105	104	B_E ↔ B_E
106	101	B_E → T_E
274	107	EA → B_E
274	113	EA → B_E

Abbildung 5.6: Auszugsweise Überführung des matrixbasierten Datenmodells in eine Listendarstellung für Knoten und Kanten einer Graphdarstellung

In der Abbildung wird deutlich, dass die Liste für die *Knotenauswertung* eine Kopie der Elementattribute der symmetrischen Eingabematrix aus Abbildung 5.5 ist. So finden sich die besprochenen Gestaltungsbereiche des Designs sowie der besprochenen Anforderungen an den Fußgängerschutz und die PDC-Sensoren mit den Attributen ID, Name, Typ und Beschreibung dort wieder.

Das direkte Ergebnis des Auswertungsalgorithmus[79] stellt die Liste der *Kantenauswertung* dar. Diese umfasst die Attribute der *Quell ID*, der *Ziel ID* sowie dem *Kantentyp*. Das Listenattribut Kantentyp wurde bei der Auswertung der Elementrelationen der Matrix aus dem Attribut *Typ* der einzelnen Matrixelemente abgeleitet. Dieses spiegelt die hierarchische Designproduktstruktur wider, welche ebenfalls bei der graphischen Auswertung berücksichtigt wird. Die Symbolik des Kantentyps entspricht der Symbolik, die in der Matrixdarstellung verwendet wird. Hierbei ist zu beachten, dass das Symbol → eine hierarchische Verknüpfung von einem untergeordneten Element zu einem übergeordneten Element darstellt. Dies kann zum Beispiel die Zuordnung von einer Anforderung an einen Betrachtungsbereich oder die Zuordnung eines Betrachtungsbereichs zu einem Teilbereich des Designs wiederspiegeln. Das Symbol ↔ zeigt eine hierarchisch gleichwertige Verknüpfung zwischen Elementen an, was geometrisch aneinander angrenzende Betrachtungsbereiche des Exterieurs und Interieurs bedeutet. Die listenbasierte Auswertung der Adjazenzmatrix ergab 594 Verknüpfungen zwischen den definierten 51 Elementen der Designproduktstruktur und den 141 identifizierten Anforderungen mit besonderer Relevanz für die Designoberflächen.

---

[79] Die auszugsweise Implementierung des Algorithmus ist in Anhang A4 dargestellt.

Im konkret dargestellten Auszug wird in der ersten Zeile der Kantenauswertung eine Kante zwischen dem Knoten mit der Quell ID 101 und dem Knoten mit der Ziel ID 100 beschrieben. Dies entspricht den Knoten Exterieur und Front der Knotenauswertung, woraus sich der hierarchische Kantentyp der Zuordnung eines Teilbereichs des Exterieurs zur Gesamtheit des Exterieurs ergibt. Eine Zuordnung einer Anforderung zu einem Betrachtungsbereich wird in der letzten Zeile der Kantenauswertung deutlich. Diese Zeile beschreibt eine Kante von dem Knoten mit der Quell ID 274 zu dem Knoten mit der Ziel ID 113. Dies entspricht der Zuordnung des Praxisbeispiels der Einzelanforderung der PDC-Sensoren zu der Stoßfängerabdeckung als Betrachtungsbereich des Exterieurs. An diesen Veranschaulichungen wird deutlich, dass über das Attribut der ID beide Listen miteinander verknüpft sind und diese in ihrer Summe die gleichen Informationen enthalten wie das Verknüpfungsmodell in Form einer Matrix.

Die erzeugte listenbasierte Relationsverknüpfung dient als Basis für die nun folgende graphische Auswertung des erzeugten Relationsmodells. Zu diesem Zweck wurden Listen mit einem Netzwerkanalysewerkzeug ausgewertet. Die Auswertung erfolgte über einen kräftebasierten Zeichenalgorithmus[80] für Graphen. Das Ziel ist die strukturelle Datenrepräsentation als ein ungeordnetes Muster[81] der vorliegenden Kanten und Knoten. Das Augenmerk der Platzierung der einzelnen Elemente liegt in der automatisierten Anordnung bei möglichst geringer Kantenlänge bei gleichzeitig möglichst wenig sich kreuzenden Kanten.

Das initiale Ergebnis dieses Zeichenvorgangs ist in Abbildung 5.7 dargestellt. Die in der Legende unterschiedenen Knotentypen entsprechen den beschriebenen Elementtypen der Verknüpfungsmatrix. Die Knoten selbst sind anhand des Inhalts der erzeugten Liste der Kantenauswertung miteinander verknüpft. Es werden zusätzlich die direkten Verknüpfungspunkte zwischen dem Exterieur und Interieurdesign hervorgehoben, die in der Praxis besonderer Abstimmungsqualität bedürfen. Zu diesen Verknüpfungspunkten zählen unter anderem die Scheiben, die Türen sowie die Instrumententafel.

Das Praxisbeispiel der Anforderungen an die PDC-Sensoren ist in der Darstellung als Pfad hervorgehoben. So ist die Einzelanforderung *PDC* über eine Kante mit der *Stoßfängerabdeckung* verknüpft. Diese ist wiederum mit der *Front* verknüpft, welche abschließend der *Gesamtheit des Exterieurs* zugordnet ist.

---

[80] Bei dem Softwarewerkzeug handelte es sich um die Open Source Software *gephi* in der Version 0.91. Dabei wurde der Algorithmus *Force Atlas 2* verwendet.

[81] Weitere strukturelle Repräsentationsformen beschreibt TRIEBEL in [Tri12, S. 21–22] anhand der Ausführungen von TWEEDIE in [Twe97, S. 376].

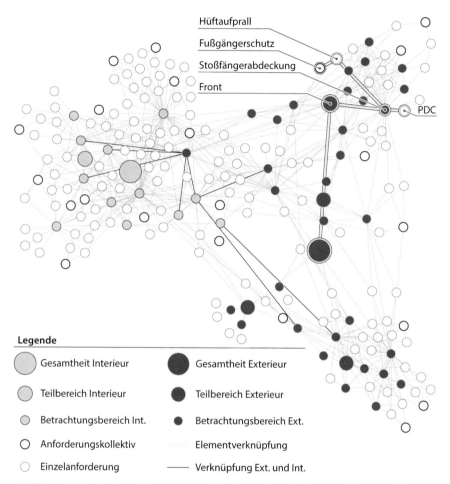

Abbildung 5.7: Automatisiert erzeugter Graph des Verknüpfungsmodells nach Elementanordnung durch einen kräftebasierten Zeichenalgorithmus

Die Anforderungen zum Fußgängerschutz verdeutlichen an dieser Stelle den Zweck des Verknüpfungsmodells. Die Einzelanforderung des *Hüftaufpralls* ist zunächst dem Anforderungskollektiv *Fußgängerschutz* zugeordnet. Wie die Anforderung zu den PDC-Sensoren ist sie aber auch mit dem Betrachtungsbereich *Stoßfängerabdeckung* verknüpft. Würde aufgrund der Einzelanforderung PDC die Gestalt der Stoßfängerabdeckung geändert werden, wäre grafisch direkt ersichtlich, welche weiteren Anforderungen an die Oberflächengestalt der Stoßfängerabdeckung gestellt sind und folglich abgestimmt werden müssen.

Für diesen Zweck wurde ein webbasiertes Werkzeug aus dem Graphen gene-riert[82], um dem Formgestalter eine Hilfestellung zu geben. Dieses Werkzeug ist in Abbildung 5.8 dargestellt.

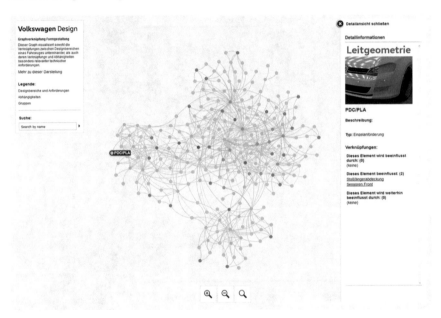

Abbildung 5.8: Webbasiertes Werkzeug zur grafischen Auswertung des Verknüp-fungsmodells

Die Abbildung illustriert das identische Verknüpfungsmodell, wie es bereits in Abbildung 5.7 vorgestellt ist. Es wurde zu Gunsten einer besseren Bildschirm-flächennutzung von einer strikt kräftebasierten Elementanordnung abgewichen. Zur Eingliederung in eine bestehende Systemlandschaft wurde zur Kenntlichma-chung der Elementtypen auf eine bestehende Farbkonvention zurückgegriffen. Elemente des Interieurs werden in Orangetönen dargestellt, während Elemente des Exterieurs durch Blautöne gekennzeichnet werden. Die Helligkeit kenn-zeichnet die Hierarchieebene. Die Gesamtheit vom Exterieur beziehungsweise Interieur ist durch dunkle Farbtöne gekennzeichnet. Die einzelnen Betrachtungs-bereiche sind durch helle Farbtöne kenntlich gemacht. Die Anforderungen sind

---

[82] Das Webinterface wurde mit der Software *SigmaExporter* in Version 0.9.0 aus dem Software *gephi* erzeugten Graphen erstellt.

in Grüntönen dargestellt. Anforderungskollektive sind in einem dunkleren, Einzelanforderungen in einem helleren Farbton dargestellt. Die direkten Verknüpfungspunkte zwischen Exterieur- und Interieurdesign sind in violett hervorgehoben.

Das Werkzeug bietet dem Nutzer eine Suchfunktion sowie weitere Detailinformationen zu dem jeweils betrachteten Element des Verknüpfungsmodells. Zusätzlich wird dem Nutzer eine Leitgeometrievorschau geliefert. In der Abbildung ist dazu eine Vorschau auf das Praxisbeispiel der PDC-Sensoren aufgezeigt.

5.3   Parametermodell der Solleigenschaften

Die identifizierten Anforderungen mit besonderer Designrelevanz bilden die Basis für das Parametermodell technischer Soll-Eigenschaften. Es ist das Ziel, sowohl die Anforderungen unterschiedlichster Abstraktionsgrade in geeignete Parameter zu transformieren als auch geeignete Geometrien zur Anforderungsrepräsentation zu erarbeiten. Die erarbeiteten Parameter sind darauf aufbauend in einem CAD-lesbaren Format abzuspeichern. Dieses zweigeteilte Vorgehen wird im Folgenden anhand des Praxisbeispiels der PDC-Sensoren praktisch veranschaulicht.

5.3.1   Parameterableitung am Beispiel der PDC-Sensorik

Im ersten Schritt der Parametermodellerzeugung sind die in Abschnitt 4.4 definierten Ablaufschritte zur *Transformation* von Soll-Eigenschaften an die Designaußenhaut zu durchlaufen. Anhand des Praxisbeispiels der PDC-Sensoren sind zunächst die Attribute der *Position* der zu erzeugenden Leitgeometrie zu ermitteln. Anschließend sind die *geometrischen Merkmale* der Leitgeometrie abzuleiten. Abschließend wird die *Gestalt* der Leitgeometrie festgelegt.

Im ersten Entscheidungsschritt der Attributableitung ist die *Positionsreferenz* für die Leitgeometrie zu definieren. Dies wird anhand des in Abschnitt 4.4.1 dargestellten Ablaufplans zur Erarbeitung der Attribute für die Position der betrachteten Leitgeometrie durchgeführt.

In Abschnitt 5.1.2 wurde der flächenbündige Einbau der PDC-Sensoren in der Designaußenhaut als Hauptanforderung definiert. Anhand dessen ist ersichtlich, dass eine *Positionsreferenz* anhand einer *Referenzgeometrie* in Form der Designaußenhaut vorliegt. Bei der Designaußenhaut selbst handelt es sich um eine *Freiformfläche* im Raum, woraus sich automatisch die *Dimension der Referenz* in Form einer *dreidimensionalen Referenz* ergibt. Aus der Ausprägung der dreidimensionalen Referenz ergibt sich wiederum die *Verknüpfung mit der Referenz*. Dies ist eine *Verschiebung mit Richtungsvektor*. Aus dem Sonderfall, dass die Sensoren flächenbündig in der Designaußenhaut verbaut werden sollen, ergibt sich die Verschiebung des Richtungsvektors automatisch als null.

Auf Basis der Attribute für die Position der Leitgeometrie werden im zweiten Schritt die *geometrischen Merkmale* der Leitgeometrie festgelegt. Zu diesem Zweck wird der in Abschnitt 4.4.2 beschriebene Ablaufplan angewendet. Hierbei muss zunächst die grundsätzliche *Geometrieableitung* festgelegt werden. Dabei gilt es vorab zu unterschieden, ob die *Gestalt der Leitgeometrie* und die zugehörige *Positionsreferenz* voneinander *unabhängig* sind oder ob ein *Zusammenhang* besteht.

Bezogen auf die Anforderung der gewünschten Flächenbündigkeit der PDC-Sensoren mit der Designaußenhaut ist von einer Unabhängigkeit auszugehen. Dies ist durch das Ausschlussprinzip begründet. Bei einem Zusammenhang zwischen der Positionsreferenz und der Leitgeometriegestalt dient eine *Verschiebung der Positionsreferenz* als Basis für die Leitgeometriegestalt. Die Designaußenhaut ist in dem betrachteten Praxisbeispiel die Positionsreferenz. Somit würde eine Verschiebung der Designaußenhaut mit der Designaußenhaut verglichen werden, was einem Zirkelschluss entspräche. Daraus ergibt sich, dass für die *Geometrische Festlegung* unterschieden werden muss, ob die *Geometrie vorab festgelegt* wurde, oder ob es sich um ein *Template aus Expertenwissen* handelt.

Bei dem betrachteten Praxisbeispiel ist von einem Template aus Expertenwissen auszugehen. Dies ist mit den in Abschnitt 5.1.2 beschriebenen Anforderungen an die horizontale und vertikale Inklination der PDC-Sensoren begründet. Anhand der beschriebenen Zusammenhänge erscheint eine Abschätzung zur Anforderungserfüllung durchführbar, was im Folgenden erläutert wird.

Im Zuge einer *Analytischen Betrachtung* lässt sich das Praxisbeispiel der PDC-Sensoren als eine *Hauptanforderung* mit *Nebenbedingungen* ansehen. Deren Inhalte lassen sich formal als Gleichung darstellen. Die Hauptanforderung ist die Flächenbündigkeit zwischen Sensoroberfläche und der Designaußenhaut. Dies ist dann erfüllt, wenn die Oberflächenorientierung von der Sensoroberfläche und der Designaußenhaut im Einbaupunkt identisch sind. Formel 5.1 beschreibt diesen Zusammenhang.

$$n_{Designoberfläche}(x, y, z) = n_{PDC-Sensorabdeckung}(x, y, z) \qquad (5.1)$$

Neben der Erfüllung der Hauptbedingung müssen außerdem die beiden Nebenbedingungen an die Sensorinklination um die Quer- und hochachse des Fahrzeugs berücksichtigt werden. Die Nebenbedingung der Inklination um die Fahrzeugquerachse wird anhand Abbildung 5.9 veranschaulicht.

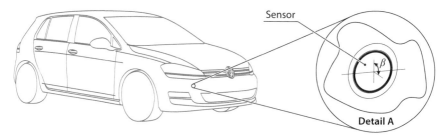

Abbildung 5.9: Neigungswinkel β der PDC-Sensoren in Einbaulage [Fel17a]

In Abschnitt 5.1.2 wurde verdeutlicht, dass die zulässige Sensorinklination um die Fahrzeugquerachse von der Einbauhöhe z abhängt. Nur innerhalb eines von der Einbauhöhe abhängigen Wertebereichs für den Winkel β können gleichzeitig störende Bodenreflektionen vermieden und zuverlässig bodennahe Hindernisse detektiert werden. Dieser Zusammenhang wird durch Formel 5.2 beschrieben.

$$\beta_{max}(z) \geq \beta > \beta_{min}(z) \tag{5.2}$$

Als zweite Nebenbedingung muss die zulässige Sensorinklination um die Fahrzeughochachse beachtet werden. Das Ziel ist eine Überlappung der konischen Detektionsbereiche der einzelnen Sensoren, um blinde Bereiche zu vermeiden. Abbildung 5.10 vertieft diesen Zusammenhang.

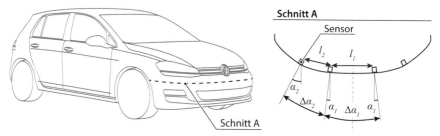

Abbildung 5.10: Zusammenhang zwischen Sensorabstand und -inklination [Fel17a]

Die Schnittansicht durch die Stoßfängerabdeckung und die PDC-Sensoren illustriert den horizontalen Abstand der einzelnen Sensoren l_i und dem relativen

Winkel α_i zwischen zwei Sensoren. Die Gleichung 5.3 formalisiert den Wertebereich zulässiger Winkel $\Delta\alpha_i$ in Abhängigkeit von dem horizontalen Abstand l_i.

$$\Delta\alpha_{max}(l_i) \geq \Delta\alpha_i > \Delta\alpha_{min}(l_i) \tag{5.3}$$

Anhand der Summe der einzelnen, relativen Winkel $\Delta\alpha_i$ lässt sich die jeweils absolute Inklination eines einzelnen Sensors um die Fahrzeughochachse bestimmen. Dieser Zusammenhang ist in Gleichung 5.4 als zweite Nebenbedingung formalisiert.

$$\alpha_n = \frac{\Delta\alpha_1}{2} + \sum_{i=2}^{n} \Delta\alpha_i \tag{5.4}$$

Die Formalisierung der Hauptanforderung und der beiden Nebenbedingungen bildet die Basis für die Erstellung einer geeigneten Leitgeometrie zur Anforderungsrepräsentation. Der Zweck des Templates ist die Überprüfung der Hauptanforderung bei Beachtung der Nebenbedingungen am gewählten Einbauort. Aus diesem Grund kann im ersten Schritt eine Repräsentation des Sensoreinbauortes in Form der stilisierten Oberfläche eines PDC-Sensors definiert werden. Dies ist eine Kreisscheibe mit einem Durchmesser von circa 5 mm. Diese bildet die Basis für das nun zu erzeugende KBE-Template, das in Abschnitt 5.4.1 näher erläutert werden wird.

Im folgenden Schritt werden innerhalb des Templates mehrere Instanzen der Kreisscheibe erzeugt. Die Anzahl der Kreisscheiben entspricht der späteren Sensoranzahl. Jede Kreisscheibe wird anhand der Hauptanforderung mit der Designaußenhaut verknüpft. Die Hauptanforderung der gleichen Oberflächenorientierung wird innerhalb des CAD-Systems durch Constraints[83] umgesetzt. Um die Hauptanforderung abzubilden, sind zwei Constraints für jede Kreisscheibe zu definieren. So muss der Mittelpunkt einer Kreisscheibe und der gewählte Einbaupunkt auf der Designaußenhaut gleich sein, was der ermittelten Länge des Verschiebungsvektors von null entspricht. Diese Zwangsbedingung bewirkt, dass die Leitgeometrie in Form der Kreisscheibe nur auf der Designaußenhaut bewegt und nicht von ihr gelöst werden kann. Der zweite Constraint bildet die eigentliche Hauptanforderung ab. Dies ist die Zwangsbedingung, dass der Normalenvektor einer Kreisscheibe immer dem Normalenvektor der Design-

---

[83] Engl.: Zwangsbedingung. Ein Constraint bezeichnet im Sprachgebrauch innerhalb von CAD-Systemen die definierten, geometrischen Zwangsbedingungen zwischen zwei oder mehreren Modellelementen.

außenhaut im Einbaupunkt entsprechen muss. Diese Zwangsbedingung kann durch die gängige Bedingung einer *Tangentalität* umgesetzt werden. Diese beiden Constraints setzen gemeinsam die Hauptanforderung um, dass der Sensor auf der Designoberfläche bewegt werden kann und grundsätzlich die gleiche Oberflächenorientierung wie die Designoberfläche an seiner Position hat.

Neben der durch Constraints umgesetzten Hauptanforderung müssen für jeden gewählten Sensoreinbaupunkt die beiden definierten Nebenbedingungen geprüft werden. Zur Erfüllung der Hauptanforderung müssen die beiden Nebenbedingungen für alle zu verbauenden Sensoren beachtet werden. Die formalisierten Nebenbedingungen sind dazu laufend anhand der in Auslegungsrichtlinien definierten Wertebereichen für die zulässigen Sensorinklinationen um die Fahrzeughoch- und -querachse zu überprüfen. Diese Funktionalität wird im folgenden Abschnitt 5.4.1 durch eine Kopplung der Parameterdatenbank mit dem CAD-System durch eine Datenschnittstelle mit graphischer Nutzeroberfläche umgesetzt.

Der letzte Schritt zur Ermittlung der gestaltfestlegenden Attribute besteht in der Kenntlichmachung der *Verhandelbarkeit* von Anforderungen. Die Klassifizierung im gewählten Praxisbeispiel kann als *verhandelbar* definiert werden. Dies ist damit begründet, dass die Anforderungen an die einzuhaltenden Wertebereiche der Sensorinklinationen direkt aus den Merkmalen der konstruktiv festgelegten Gestalt der Sensoren stammen. Sie sind keine explizit einzuhaltenden gesetzlichen Vorgaben. Der Parameter der *Verhandelbarkeit* kann durch eine sinnfällige Farbgebung direkt innerhalb des CAD-Templates für die Kreisscheiben gespeichert werden.

Nach dem Durchlauf des in 4.4 vorgestellten Ablaufschemas ergeben sich als abzuspeichernde Parameter in der Datenbank die Wertebereiche für die zulässigen Sensorinklinationen. Die weiteren Merkmale der Anforderung sind innerhalb der geometrischen Ausprägung der Leitgeometrie und deren Constraints mit der Designaußenhaut im KBE-Template gespeichert.

5.3.2 Umsetzung der Parameterdatenbank

In Abschnitt 4.4.4 wurde die Struktur der für den Ansatz nötigen Parameterdatenbank theoretisch beschrieben. Das Ziel ist das Abspeichern der ermittelten Parameter in einem CAD-lesbaren Datenformat. Die praktische Umsetzung wird im Folgenden anhand Abbildung 5.11 und dem Praxisbeispiel der PDC-Sensoren näher erläutert.

Produktstruktur			Anforderung		Attribute		Attributwerte	
GH	TB	BB	Name	ID	Name	ID	VW 555	VW 777
100	101	107	PDC	274	Fahrbahnhöhe ML3 [mm]	274.1	-270	-350
					Inklination β Wertebereich [mm;°]	274.2.1	290;15	290;15
						274.2.2	290;15	290;15
						274.2.3	350;7	350;7
						274.2.4	450;2	450;2
						274.2.5	550;2	550;2
						274.2.6	550;6	550;6
						274.2.7	480;6	480;6
						274.2.8	370;15	370;15
						274.2.9	295;15	295;15
					Inklination Δα Wertebereich [mm;°]	274.3.1	12;30	12;30
						274.3.2	120;-7	120;-7
						274.3.3	690;-7	690;-7
						274.3.4	680;30	680;30
						274.3.5	450;30	450;30
						274.3.6	120;30	120;30

Abbildung 5.11: Ausschnitt der Parameterdatenbank am Beispiel der PCD-Sensoren. Die eingetragenen Werte wurden verfremdet.

Die Abbildung verdeutlicht die Struktur der Datenbasis. In den linken Spalten ist zunächst als Gliederungshilfe für den Nutzer die *Produktstruktur* abgebildet, wie sie bereits in dem Relationsmodell umgesetzt wurde. Zur Verknüpfung des Relationsmodells mit der Parameterdatenbank werden die identischen Nomenklaturen und IDs für die definierte Designproduktstruktur und die Anforderungen verwendet[84]. Am dargestellten Beispiel ist für die *Gesamtheit* (GH) die ID 100 eingetragen, welche das Exterieur kennzeichnet. Für den *Teilbereich* (TB) ist die ID 101 eingetragen, was die Fahrzeugfront bezeichnet. Der *Betrachtungsbereich* (BB) ist mit der ID 107 die Stoßfängerabdeckung.

Die eigentlichen Parameter der *Anforderungen* werden in den weiteren Spalten gespeichert. Zunächst werden der *Name* und die *ID* des Praxisbeispiels PDC angegeben. Die Erfüllung der Anforderung zur Flächenbündigkeit der PDC-Sensoren hängt, wie im vorangegangenen Abschnitt beschrieben, maßgeblich von Nebenbedingungen ab. Die *Attribute* zu den beiden Nebenbedingungen der Sensorinklinationen β und Δα sind mit Name und ID festgehalten, ebenso die Fahrbahnhöhe, die für die Bestimmung der Sensoreinbauhöhe benötigt wird. Die einzelnen Attribute sind durch eine fortlaufende Endung an der ID der Anforderung eindeutig gekennzeichnet. Im Beispiel der Wertebereiche für die PDC-

---

[84] Siehe Abbildung 5.6 auf Seite 121 für die IDs und Elementnamen des Praxisbeispiels.

Sensoren werden einzelne Werte durch eine weitere, fortlaufende Endung eindeutig benannt.

Die konkreten Werte der einzelnen Attribute werden fahrzeugprojektspezifisch abgespeichert. Der Grund wird beispielsweise anhand der *Fahrbahnhöhe* deutlich. Die Position der Fahrbahn wird üblicherweise im Fahrzeugkoordinatensystem als Ebene mit einer Z-Koordinate abgespeichert. Bei einer Lage des Fahrzeugkoordinatensystemursprungs im Mittelpunkt der Vorderachse ergeben sich bei Unterschieden im Raddurchmesser erhebliche Unterschiede in der Z-Position der Fahrbahnen. Im Beispiel wird dies anhand des Unterschieds zwischen den fiktiven Fahrzeugprojekten VW555 und VW777 deutlich.

Bei den Anforderungen an die Inklinationen β und $\Delta\alpha$ sind die einzelnen Attributwerte paarweise und, durch ein Semikolon getrennt, gespeichert. Die Werte spannen gemeinsam ein Feld zulässiger Werte auf, anhand dessen die Erfüllung der Nebenbedingungen geprüft werden. Dies wird konkret in Abschnitt 5.4.1 veranschaulicht. Im Beispiel wird angenommen, dass die Fahrzeugprojekte VW555 und VW777 die gleiche Sensorik verwenden. Daher sind die dargestellten Attributwerte für die zulässigen Sensorinklinationen identisch.

5.4 Anforderungsvisualisierung

Die Zwischenergebnisse der vorangegangenen Abschnitte bilden die Basis der Visualisierung technischer Soll-Eigenschaften im Designmodell. Analog des beschriebenen Vorgehens in Abschnitt 4.5 wird die Beschreibung der praktischen Umsetzung anhand des Praxisbeispiels der PDC-Sensoren vorgenommen. Zunächst wird die Funktionalität der Methodenumsetzung innerhalb eines CAD-Systems beschrieben. Darauf aufbauend wird auf die Anforderungsvisualisierung innerhalb des stofflichen Designmodells anhand eines AR-Systems eingegangen. In beiden Modellmodi unterstützt die Umsetzung des in Abschnitt 5.2.3 beschriebenen Relationsmodells bei der Berücksichtigung technischer Abhängigkeiten.

5.4.1   Umsetzung in CAD

Im ersten Arbeitsschritt wird das Designoberflächen und die als Oberflächen formalisierten Anforderungen in ein gemeinsames CAD-Modell[85] geladen, was

---

[85] Die KBE-Methodik wurde innerhalb des CAD-Systems *Catia V5* umgesetzt.

Abbildung 5.12 darstellt. Die Abbildung verdeutlicht die dreiteilige Gliederung der Nutzerschnittstelle zur grafischen Anforderungsevaluation. Diese Teile sind die *Repräsentation des Designmodells* und das mit ihm verknüpfte KBE-Template. Weiterhin ist die grafische *Schnittstelle* zur *Leitgeometriesteuerung* sichtbar, welche die Variation der Anforderungen zur Aufgabe hat. Abschließend ermöglicht die *Wertebereichsanzeige* auf sinnfällige Weise die Einordung der aktuellen Anforderungsvariation in den Wertebereich technischer Vorgaben.

Leitgeometriesteuerung   Wertebereichsanzeige

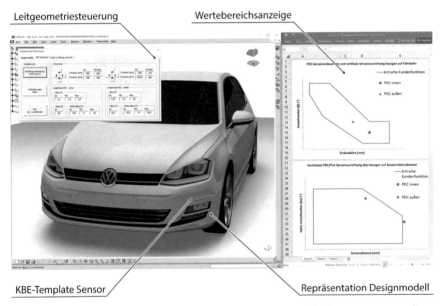

KBE-Template Sensor   Repräsentation Designmodell

Abbildung 5.12: Kombiniertes Designmodell und grafische Anforderungsrepräsentation. Die Zahlenwerte wurden verfremdet.

In der Repräsentation des Designmodells wird die Verknüpfung zwischen den Designoberflächen und der in Abschnitt 5.3 beschriebenen und formalisierten Anforderungen hinsichtlich der zulässigen Inklinationen der PDC-Sensoren deutlich. Die Anforderung wird anhand der beschriebenen Leitgeometrie in Form einer Kreisscheibe repräsentiert. Die Hauptbedingung des Ziels der trichterlosen Sensorplatzierung wurde in Formel 5.1 als die Gleichheit der Normalenvektoren von Designaußenhaut und Sensororientierung in der Einbaulage formalisiert. Anhand der in Abschnitt 5.3.1 definierten Zwangsbedingungen in Form von CAD-Constraints zur Erfüllung dieser Hauptbedingung kann die dargestellte Leitgeometrie auf der Designoberfläche verschoben werden. Bei einer

Verschiebung der Leitgeometrie passt sich deren Orientierung automatisch der Flächenorientierung der Designaußenhaut am Verschiebungspunkt an.

Die Nutzerschnittstelle zur Steuerung der Leitgeometrien innerhalb des CAD-Systems ist in Abbildung 5.13 im Detail abgebildet. Dazu wird die Sicht der Leitgeometriesteuerung auf die Anforderungen der PDC-Sensoren dargestellt. Der Ablauf der Nutzung wird im Folgenden anhand des Praxisbeispiels der PDC-Sensoren beschrieben.

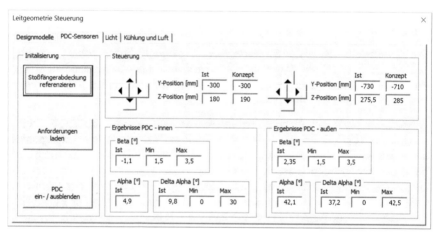

Abbildung 5.13: Schnittstelle zur Anforderungsvariation mit Sicht auf die Parameter der PDC-Sensorik. Die Zahlenwerte wurden verfremdet.

Für die Nutzung der Methodik müssen vorab zwei Arbeitsschritte durchgeführt werden, die im Schnittstellenbereich der *Initialisierung* umgesetzt sind. Als erstes werden die zu betrachtenden Designflächen *referenziert*. Im Zuge der Referenzierung wird der Nutzer aufgefordert, die zu berücksichtigenden Designoberflächen auszuwählen. Dies geschieht durch eine direkte Anwahl innerhalb der Repräsentation des Designmodells. Die Auswahl dient für die weiteren Arbeitsschritte als Referenz für das KBE-Template, welches die in Abschnitt 5.3.1 beschriebenen Zwangsbedingungen zur Anforderungserfüllung umsetzt. Im zweiten Arbeitsschritt werden die fahrzeugprojektspezifischen Anforderungen aus der Parameterdatenbank in das CAD-Modell geladen. Anhand dieser Arbeitsschritte können die Anforderungen bezüglich der PDC-Sensoren innerhalb der Repräsentation des Designmodells *eingeblendet* und *ausgeblendet* werden.

Die Variation der Anforderungen findet im Schnittstellenbereich der *Steuerung* statt. Die Steuerung ermöglicht für die inneren und äußeren PDC-Sensoren eine getrennte Variation der Positionierung der Sensoren auf der Designaußenhaut. Dazu ist die Position um die Fahrzeughochachse (*Z-Position*) und -querachse (*Y-Position*) durch Steuerkreuze und eine freie Eingabe im Bereich des *Ist-Standes* frei wählbar. Dabei ergibt sich die Position des Sensors an der Fahrzeuglängs-achse automatisch aus der Zwangsbedingung, dass ein Sensor immer auf der referenzierten Designaußenhaut liegt. Gleichzeitig wird der aktuelle, aus der Parameterdatenbank ausgelesene *Soll-Stand* des Technischen Konzeptes ange-zeigt.

Die Schnittstelle visualisiert im Bereich der *Ergebnisse* die zur aktuell gewählten Sensorlage zugehörigen Werte für die Winkel α, β und $\Delta\alpha$ als absoluten Wert. Zusätzlich sind an dieser Stelle die minimalen und maximalen Soll-Werte des technischen Konzeptes dargestellt.

Anhand des im Abschnitt 5.3.1 beschriebenen Wissens und der Zwangsbedin-gungen des KBE-Templates lassen sich die jeweils umgesetzten Sensorpositio-nen bewerten. Zur besseren Einordung des absoluten Ergebnisses für die Senso-rinklinationen werden diese innerhalb der zulässigen Wertebereiche als 2D-Diagramm dynamisch dargestellt, was Abbildung 5.14 illustriert. Die Abbildung verdeutlicht dabei die Abhängigkeiten des Anstellwinkels β von der Einbauhöhe und dem von dem Sensorabstand abhängigen Winkel $\Delta\alpha$. Die Gestalt des zuläs-sigen Wertebereichs ergibt sich aus den in Abschnitt 5.3.2 beschriebenen Para-metern der Wertebereiche.

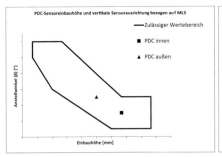 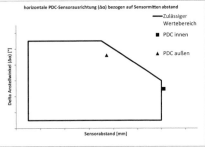

Abbildung 5.14: Wertebereichsanzeige der Inklinationen der PDC-Sensoren. Die Kenn-felder sind im Querformat angeordnet und qualitativ verfremdet.

Anhand der vorangegangen Beschreibungen lässt sich das Vorgehen zum Finden einer günstigen Sensorposition ableiten. In einzelnen Iterationsschritten können die einzelnen PDC-Sensoren auf der Designaußenhaut verschoben und die Einhaltung der nötigen Anstellwinkel überprüft werden. Gleichzeitig ist eine direkte Abschätzung möglich, ob unter den aktuellen zulässigen Wertebereichen und unter dem Gesichtspunkt der Oberflächenorientierungen des aktuellen Designstandes eine Sensorplatzierung möglich ist. [Fel17a]

5.4.2 Umsetzung per Augmented Reality

Der letzte Schritt der Methodik umfasst das in Abschnitt 4.5.2 erläuterte *Überführen* der im nicht-stofflichen Computermodell erzeugten Leitgeometrien. Ausgehend von den im vorangegangen Abschnitt erzeugten Leitgeometrien für die PDC-Sensorplatzierung wird im Folgenden das Ergebnis des Übertrags des Methodenansatzes zwischen stofflichen und nicht-stofflichen Designmodellen dargestellt.

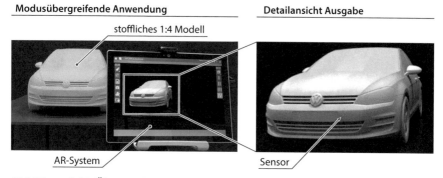

Abbildung 5.15: Übertrag des Methodenansatzes in ein stoffliches Designmodell durch ein Augmented Reality-System

Die Abbildung 5.15 stellt die Anwendung des Methodenansatzes in einem stofflichen Modell[86] dar. Die *modusübergreifende Anwendung* umfasst einerseits das stoffliche 1:4 Designmodel. Weiterhin wird die Erweiterung des stofflichen Modells durch ein tabletbasiertes AR-System vorgenommen. Dieses AR-System setzt die in Abschnitt 4.5.2 beschriebenen Ablaufschritte zur Darstellung der nicht-stofflichen Leitgeometrien innerhalb des stofflichen Designmodells um.

---

[86] Aufgrund des Praxisbeispiels der PDC-Sensorik wird an dieser Stelle ein Exterieurmodell beschrieben. Anhang A2 stellt die Anwendung bei einem Interieurmodell dar.

Das AR-System besteht im Kern aus einem Tabletcomputer und einer an dessen Rückseite montierten Kamera. Der Tabletcomputer gibt als Visualisierungsmittel laufend das Echtzeitkamerabild der *Videoaufnahme* aus. Das Kamerabild dient weiterhin als Basis für das *Tracking*, welches die Abschätzung der relativen Position des AR-Systems zum stofflichen Modell bezeichnet. Anhand des Tracking können im Zuge der *geometrischen Registrierung* die nicht-stofflichen Inhalte perspektivisch korrekt in die stoffliche Realität eingepasst werden. Im Zuge der folgenden *Darstellung* werden die nicht-stofflichen Leitgeometrien mit der Aufnahme des stofflichen Designmodells kameraperspektivisch korrekt überlagert und abschließend auf dem Bildschirm *ausgegeben*. Das Ergebnis stellt die *Detailansicht der Ausgabe* in Abbildung 5.15 dar.

Der beschriebene Übertrag der Methodik in das stoffliche Designmodell ermöglicht dem Formgestalter eine direkte Anzeige im stofflichen Modell, an welcher Position die PDC-Sensoren aktuell verortet sind. Auf diese Weise ist direkt abzuschätzen, ob eine Änderung der Oberflächengeometrie im Bereich der PDC-Sensoren vorgenommen wurde, was eine erneute technische Bewertung der neuen Oberflächengeometrie erfordert. Sofern in einer Gestaltungsphase mit einem hohen Fokus auf technischer Konvergenz gearbeitet wird, dienen die dargestellten Leitgeometrien als Hinweis, welche Oberflächenbereiche in ihren geometrischen Merkmalen nach Möglichkeit nicht geändert werden sollten.

6 Zusammenfassung und Ausblick

6.1 Zusammenfassung

Das Ziel der Arbeit ist es, einen Methodenansatz zu entwickeln, welcher die effektive Zusammenarbeit an der Schnittstelle Design und Technik methodisch unterstützt. Der Kern des Methodenansatzes bildet eine Prozesskette aus Erfassung, Aufbereitung und Bereitstellung von besonders relevanten, technischen Anforderungen mit direkter Verknüpfung zur Designaußenhaut.

Der im Rahmen dieser Arbeit entwickelte Methodenansatz zielt auf eine Bereitstellung technischer Anforderungen durch eine intuitive Visualisierung innerhalb von Designmodellen ab. Ein Kernaspekt bildet hierbei die Visualisierung von Anforderungen durch Oberflächen, um dem Abstraktionsgrad der Arbeitsmodelle des Designs zu folgen. Der Vorteil wird insbesondere bei der Betrachtung heutiger CAx-Methoden zur Generierung und Überprüfung des Fahrzeugpackage deutlich. Die vorgestellte Methodik ermöglicht hier den visuellen Abgleich der Designoberflächenorientierung mit technischen Anforderungen, was über die Möglichkeiten konventioneller Packagechecks hinausgeht. Somit reduziert sich der mentale Aufwand beim Anforderungsabgleich während des menschlichen Kreativprozesses der Formfindung. Dieser Gewinn an Sinnfälligkeit wird durch die exemplarische Umsetzung des Methodenansatzes verdeutlicht.

Die Methodik trägt den beiden besonderen Herausforderungen des Designprozesses Rechnung. Diese sind zum einen das zielkonfliktbehaftete Wechselspiel zwischen den subjektiv, qualitativ beschreibbaren Anforderungen des Designs und den quantitativ formulierbaren Anforderungen der Technik. Es ist nicht das Ziel, den Gestaltungsfreiraum des Designers frühzeitig durch ein zusätzliches Gerüst zwingend einzuhaltender Parameter einzuschränken. Vielmehr bietet die Methodik, bei verhandelbaren Anforderungen, die Möglichkeit zur gezielten Parametervariation. Somit können technische Alternativen mit Designvorteilen aufgezeigt werden. Andererseits berücksichtigt der Ansatz den Medienbruch zwischen stofflichen und nicht-stofflichen Designmodellen. Durch die gewählte Form der Anforderungsvisualisierung ist eine durchgängige Nutzung innerhalb von stofflichen und nicht-stofflichen Designmodellen möglich.

Durch das erarbeitete Verknüpfungsmodell wird die Komplexität der Abstimmung des Designs mit den technischen Anforderungen verdeutlicht. Anhand der initial betrachteten 141 Anforderungen an die Designaußenhaut mit ihren 51

© Springer Fachmedien Wiesbaden GmbH, ein Teil von Springer Nature 2018
U. Feldinger, *Hybride Modellnutzung in der automotiven Formfindung*,
AutoUni – Schriftenreihe 129, https://doi.org/10.1007/978-3-658-23452-2_6

Strukturierungselementen wurden bereits 594 Elementverknüpfungen identifiziert. Bei einer noch weiter gefassten Anforderungsrecherche ist von einer weiteren Komplexitätssteigerung auszugehen. Dies verdeutlicht die Schwierigkeit des
mentalen Vorhalts aller relevanten Abstimmungszusammenhänge.

Weiterhin wird deutlich, dass die Kombination einer intuitiven Anforderungs-
darstellung und der Designoberflächen in einem gemeinsamen Oberflächenmodell nicht nur die regelmäßige Überprüfung bestehender technischer Lösungen
unterstützt. Die Herangehensweise dient ebenso dem Finden neuer technischer
Lösungen. Dies wurde anhand der Nutzung einer gesonderten, graphischen Nutzerschnittstelle demonstriert. In dem illustrierten Praxisbespiel kann der Nutzer
die Position von Sensoren auf der Designaußenhaut durch die Nutzerschnittstelle
direkt variieren. Gleichzeitig wird die Erfüllung der betrachteten Anforderungen
an der gewählten Position direkt visualisiert. Die vorgestellte Anwendung reduziert somit den mentalen Aufwand des Nutzers, die untereinander verknüpften
Anforderungsbedingungen in einem manuellen und fehleranfälligen Prozess für
jeden Vorschlag zu überprüfen. Auf diese Weise können zeitnah eine große
Anzahl von Einbaupositionen überprüft werden, anstatt gegebenenfalls voreilig
die Änderung der Designoberflächen vornehmen zu müssen. Dies wiederum
führt zu einer Beschleunigung des Designprozesses und gleichzeitig höherer
ästhetischer Qualität der formalen Gestaltung.

Anhand der in Kapitel 1 dargelegten Motivation wird die Methodik in den Kapi-
teln 2 bis 5 entwickelt und umgesetzt. Zunächst wird in Kapitel 2 der Designprozess in die übergeordneten Ebenen des Produktentstehungsprozesses und
dem Produktlebenszyklus eingeordnet und anschließend erläutert. Darauf aufbauend wird die interdisziplinäre Zusammenarbeit zwischen Design und Technik
anhand von Arbeitszielen und Abstimmprozessen mit Bezug auf die Herausforderungen an die Prozesstreue und die Modellmethodik dargestellt.

Im Hinblick auf die in Kapitel 2 dargestellten Herausforderungen werden im
Kapitel 3 bestehende Ansätze beschrieben und methodische Handlungsbedarfe
abgeleitet. Im ersten Schritt werden besonders relevante Ansätze der Modelleingabe, Visualisierung, Anforderungsharmonisierung sowie der Package- und
Konzepterstellung erläutert. Anschließend werden durch die Unschärfe des Designprozesses bedingte Kriterien herangezogen, um die vorgestellten Ansätze zu
bewerten. Anhand der Bewertung werden Handlungsbedarfe und Zielsetzungen
für einen Methodenansatz mit besonderem Designbezug abgeleitet.

Basierend auf den in Kapitel 3 identifizierten Handlungsbedarfen und Zielsetzungen wird in Kapitel 4 ein Methodenansatz zur Harmonisierung von den Anforderungen des Designs und der Technik abgeleitet. Zunächst wird der Harmo-

nisierungsprozess in Bezug auf die Designaußenhaut beschrieben. Der Fokus liegt hierbei auf dem Abgleich der technischen Anforderungen, welche als Soll-Eigenschaften mit den bestehenden, geometrischen Ist-Merkmalen der Design-außenhaut abgeglichen werden.

Als Ansatzziel der Prozessverbesserung wird die Vereinheitlichung der Abstraktionsgrade von Soll-Eigenschaften und Ist-Merkmalen innerhalb eines gemeinsamen Oberflächenmodells abgeleitet. Zur Begegnung der Herausforderung der Unschärfe des Designprozesses wird die Variation der technischen Anforderungsparameter innerhalb des Methodenansatzes vorgestellt. Die Einführung des Methodenansatzes schließt mit der Vorstellung eines Augmented Reality-Ansatzes zur modellmodusübergreifenden Methodenanwendung in stofflichen und nicht-stofflichen Designmodellen ab.

Im weiteren Verlauf des Kapitels werden die nötigen Ablaufschritte des Methodenansatzes beschrieben, um die definierten Ansatzziele zu erreichen. Diese Ablaufschritte werden im Verlauf des Kapitels in die Tätigkeitsfelder der *Analyse*, *Aufbereitung* und *Visualisierung* unterteilt.

Die Analyse beginnt mit der Beschreibung der Ablaufschritte zur Erhebung der potentiell besonders designrelevanten, technischen Anforderungen. Dieser Punkt umfasst eine Konsolidierung und Auswahl der Anforderungen. Im Tätigkeitsfeld der Analyse werden außerdem die Tätigkeiten für eine *Designbereichsaufteilung* des Fahrzeugdesigns als Produktmodell beschrieben.

Im Zuge des Tätigkeitsbereichs der Aufbereitung werden die Ablaufschritte zur Weiterverarbeitung der ermittelten Daten beschrieben. Zunächst werden die Schritte zur Verknüpfung der identifizierten Anforderungen und dem Produktmodell dargestellt. Dies geschieht zunächst als Verknüpfungsmodell in Form eines *Graphen*. Darauf aufbauend wird ein zugrundeliegendes Datenmodell zur automatisierten Erzeugung des Graphen beschrieben. Im zweiten Feld der Aufbereitung werden die Schritte zur Verknüpfung der identifizierten Anforderungen und der Designbereiche innerhalb eines *Parametermodells technischer Soll-Eigenschaften* dargestellt. Das Parametermodell dient als Datenbasis für die Visualisierung der technischen Anforderungen in Form von Oberflächen. Zu diesem Zweck wird ein Ablaufschema vorgestellt. Dieses dient der Überführung der Anforderungen unterschiedlicher Abstraktions- und Detailierungsgrade in ein rechnerlesbares Format, um die spätere Visualisierung zu ermöglichen.

Das Tätigkeitsfeld der Visualisierung umfasst schließlich die Beschreibung zum Vorgehen der Visualisierung der im Parametermodell abgelegten Anforderungen mit den Designoberflächen. Zunächst wird die Kopplung eines CAD-Systems mit dem Parametermodell schematisch beschrieben. Im weiteren Verlauf wird das Prinzip der visuellen Evaluation der Konvergenz zwischen Anforderungen und Design in einem gemeinsamen Oberflächenmodell dargelegt. Abschließend wird der grundsätzliche Übertrag des Methodenansatzes in stoffliche Designmodelle erläutert.

Der in Kapitel 4 in der Theorie beschrieben Methodenablauf wird in Kapitel 5 praktisch umgesetzt. Zunächst wird der Vorgang der Anforderungserhebung und dessen Gesamtergebnis beschrieben. Aus dem Gesamtergebnis der identifizierten Anforderungen wird als Praxisbeispiel die Anforderungen der Orientierung von der PDC-Sensorik innerhalb des Designaußenhaut im Detail erläutert. Anhand dieses Praxisbeispiels werden die in Kapitel 4 beschrieben Methodenschritte in deren praktischer Umsetzung dargestellt.

6.2 Ausblick

Ein Kernbestandteil des Ansatzes ist dessen Übertragbarkeit von nicht-stofflichen Designmodellen in stoffliche Designmodelle. Dies wird mit Hilfe eines Augmented Reality-Systems umgesetzt. Das bei der Methodenumsetzung genutzte AR-System basiert auf einem Tabletcomputer. Das Halten und die Bedienung dieses Systems belegen dauerhaft eine Hand des Formgestalters bei der Arbeit am stofflichen Modell. Durch die technologische Weiterentwicklung ist an dieser Stelle von einer designgerechten Nutzung von Durchsichtdatenbrillen in der Zukunft auszugehen. Die Nutzung einer solchen Datenbrille ermöglicht die Betrachtung der Realität durch das Brillenglas mit eingeblendeten, virtuellen Inhalten. Auf diese Weise könnte der Ansatz auf die beidhändige Nutzung des Formgestalters übertragen werden.

Ein weiterer Aspekt der demonstrierten Ansatzumsetzung liegt in der Datenrückführung vom stofflichen in das nicht-stoffliche Designmodell. Das verwendete AR-System ist ein ausschließliches Visualisierungsmittel, welches keine Rückführung des Auf- oder Abtrags am stofflichen Designmodell ermöglicht. Stattdessen werden durch den in Abschnitt 2.2.3 beschrieben Vorgang des *Reverse Engineering Prozesses* digital eingefrorene Arbeitsstände des stofflichen Modells als Datenbasis verwendet. Bei einer in Echtzeit ablaufenden Abtastung des stofflichen Designmodells würde der Ansatz eine weitgehende Vereinheitlichung der stofflichen und nicht-stofflichen Designmodelle ermöglichen.

Der Ansatz wurde anhand eines Praxisbeispiels in seiner Umsetzung beschrieben. Im Zuge der Ansatzentwicklung wurden weitere identifizierte Anforderungen in Leitgeometrien transformiert und programmtechnisch umgesetzt. Zur weiteren Validierung des Ansatzes ist die Anwendung des Methodenansatzes in der Laufzeit von Serienentwicklungsprojekten nötig. Dies gilt insbesondere für die Überprüfung der in Abschnitt 4.1.2 beschriebenen Anforderungen an die Methodik, die sich auf mensch-, prozess- sowie visualisierungs- und modellbezogene Aspekte beziehen. Vor diesem Hintergrund würden weitere Rückschlüsse für die Weiterentwicklung der Methodenabläufe gezogen werden. Zusätzlich ist von der Identifikation weiterer Anforderungen an die Designaußenhaut durch das Erfahrungswissen der Projektbeteiligten und durch den Projektverlauf auszugehen.

Wie angesprochen hat der Ansatz zum Ziel, bestehende Methoden zur Überprüfung des Konvergenzstatus von Design- und Technikmodellen zu erweitern und zu unterstützen. Das vorgestellte Praxisbeispiel zielt auf die Überprüfung der Oberflächenorientierung des Designs ab. An dieser Stelle wird deutlich, dass diese Herangehensweise konventionelle Packagechecks keineswegs überflüssig macht. Im Gegensatz dazu würde die Kombination der vorgestellten Herangehensweise des Praxisbeispiels mit aktuellen Packagechecks den Designprozess weiter verbessern. Dazu müsste das erläuterte KBE-Template zusätzlich den benötigten Sensorbauraum und benötigte Verkabelungen darstellen. Mit dieser Erweiterung könnte eine vorgeschlagene Sensorposition dynamisch auf Kollisionsfreiheit mit anderen Fahrzeugkomponenten und auf die nötige Oberflächenorientierung der Designaußenhaut hin überprüft werden.

Abschließend bietet die Nutzung des AR-Ansatzes weitere Möglichkeiten in der Datenvisualisierung im stofflichen Designmodell. Neben den Anforderungen in Form von Oberflächen könnten Designvarianten visualisiert werden. Diese können sowohl alternative Ausprägungen der Geometrie der Designaußenhaut sein als auch Alternativen in der Material- und Farbwahl. Diese Alternativen könnten praktisch ohne Zeitverzug ein- und ausgeblendet sowie im direkten Vergleich bewertet werden. Zusätzlich ist die Visualisierung noch nicht im stofflichen Designmodel umgesetzter Inhalte möglich. So könnten zum Beispiel in virtuellen Daten erstellte Entwürfe für Scheinwerfer im stofflichen Plastillinmodell ohne den Zeitverzug der Rapid-Prototyping Fertigung dargestellt werden. Diese könnten dann im Kontext der wahrnehmungspsychologischen Vorteile des stofflichen Designmodells bewertet werden.

Literatur

Alt09   ALT, Oliver: *Modellbasierte Systementwicklung mit SysML.* München: Hanser, 2009

And12   ANDERL, Reiner; EIGNER, Martin; SENDLER, Ulrich; STARK, Rainer: *Smart Engineering.* Berlin, Heidelberg: Springer Berlin Heidelberg, 2012

And00   ANDERL, Reiner; TRIPPNER, Dietmar: Einführung in die Produktdatentechnologie. In: ANDERL, Reiner; TRIPPNER, Dietmar (Hrsg.): *STEP STandard for the Exchange of Product Model Data.* Wiesbaden: Vieweg+Teubner Verlag, 2000, S. 9–17

Aus12   AUST, Matthias; DE CLERK, Matthias; BLACH, Roland; DANGELMAIER, Manfred: Towards a Holistic Workflow Pattern for Using VR for Design Decisions: Learning From Other Disciplines, Bd. 2. In: *Proceedings of the ASME International Design Engineering Technical Conferences and Computers and Information in Engineering Conference--2011: Presented at 2011 ASME International Design Engineering Technical Conferences and Computers and Information in Engineering Conference: August 28- August 31, 2011, Washington, D.C.* New York, N.Y.: American Society of Mechanical Engineers, 2012, S. 1463–1470

Avg07   AVGOUSTINOV, Nikolay: *Modelling in Mechanical Engineering and Mechatronics.* London: Springer London, 2007

Bad12   BADE, Christian: *Untersuchungen zum Einsatz der Augmented Reality Technologie für Soll/Ist-Vergleiche von Betriebsmitteln in der Fertigungsplanung.* Dissertation. Berlin: Logos Verlag, 2012 (Autouni-Schriftenreihe 37)

Bad02   BADKE-SCHAUB, Petra; DÖRNER, Dietrich: Am Anfang war das Wort - oder doch das Bild - oder doch das Wort ... In: HACKER, Winfried (Hrsg.): *Denken in der Produktentwicklung: Psychologische Unterstützung der frühen Phasen:* Rainer Hampp Verlag, 2002

© Springer Fachmedien Wiesbaden GmbH, ein Teil von Springer Nature 2018
U. Feldinger, *Hybride Modellnutzung in der automotiven Formfindung,*
AutoUni – Schriftenreihe 129, https://doi.org/10.1007/978-3-658-23452-2

Bae03   BAE, Seok-Hyung; KIJIMA, Ryugo: *Digital Styling for Designers: in Prospective Automotive Design.* URL: http://www.dgp.toronto.edu/ ~shbae/pdfs/bae_Kiji_2003_Digital.pdf – Überprüfungsdatum 2016-03-18

Bei13   BEIER, Frank: *Untersuchungen zum hybriden Designprozess in der technischen Produktentwicklung: Dissertation.* 1. Aufl. Stuttgart: Universitätsbibliothek der Universität Stuttgart, 2013

Bei09   BEIER, Frank; MAIER, Thomas: Innovationen im Designprozess - über den sinnvollen Einsatz digitaler Medien, Bd. 3. In: HENTSCH, Norbert; KRANKE, Günter; WÖLFEL, Christian; KRZYWINSKI, Jens; DRECHSEL, Frank (Hrsg.): *Innovation durch Design: Technisches Design in Forschung, Lehre und Praxis.* Dresden: TUDpress Verlag der Wissenschaften, 2009 (Technisches Design in Forschung, Lehre und Praxis, 3), S. 133–145

Bei10a   BEIER, Frank; MAIER, Thomas: Digitale Designentwicklung - Fluch oder Segen? In: LINKE, Mario (Hrsg.): *Design - Kosten und Nutzen: technisches Design in Forschung, Lehre und Praxis.* Dresden: TUDpress, 2010, S. 219–234

Bei10b   BEIER, Frank; MAIER, Thomas: How to Digitze Analog Industrial Design Engineering, Bd. 3. In: MARJANOVIĆ, Dorian (Hrsg.): *Proceedings of the 11th International Design Conference.* Zagreb: Faculty of Mechanical Engineering & Naval Architecture, University of Zagreb, 2010, S. 1761–1768

Bei14   BEIER, Grischa: *Verwendung von Traceability-Modellen zur Unterstützung der Entwicklung technischer Systeme.* Stuttgart: Fraunhofer-Verl., 2014 (Berichte aus dem Produktionstechnischen Zentrum Berlin)

Beu05   BEUTHEL, Regina: *Methodische Langzeitbewahrung ingenieurtechnischen Produktwissens in rechnergenerierten virtuellen 3D-Gestaltvisualisierungen.* Dissertation. Darmstadt: Elektronische Ressource TU Darmstadt, 2005

BMW12   BMW Group: *Design Basic Press Kit.* URL: https://www.press. bmwgroup.com/austria/pressDetail.html?title=design-basic-press-kit&outputChannelId=18&id=T0125526DE&left_menu_item=node_ _7345#. – Aktualisierungsdatum: 2012-03-12

Bra07a BRAESS, Hans-Hermann (Hrsg.); SEIFFERT, Ulrich (Hrsg.): *Automobildesign und Technik: Formgebung, Funktionalität, Technik.* 1. Aufl. Wiesbaden: Friedr. Vieweg & Sohn Verlag, 2007 (ATZ-MTZ-Fachbuch)

Bra07b BRAESS, Hans-Hermann; SEIFFERT, Ulrich: Design und Technik im Gesamtfahrzeug. In: BRAESS, Hans-Hermann; SEIFFERT, Ulrich (Hrsg.): *Automobildesign und Technik: Formgebung, Funktionalität, Technik.* 1. Aufl. Wiesbaden: Friedr. Vieweg & Sohn Verlag, 2007 (ATZ-MTZ-Fachbuch), S. 66–82

Bra13a BRAESS, Hans-Hermann (Hrsg.); SEIFFERT, Ulrich (Hrsg.): *Vieweg Handbuch Kraftfahrzeugtechnik.* 7. Aufl. Wiesbaden: Springer Vieweg, 2013

Bra13b BRAESS, Hans-Hermann; WIDMANN, Ulrich; EHLERS, Claus; BREITLING, Thomas; GRAWUNDER, Norbert; LISKOWSKY, Volker: Produktentstehungsprozess. In: BRAESS, Hans-Hermann; SEIFFERT, Ulrich (Hrsg.): *Vieweg Handbuch Kraftfahrzeugtechnik.* 7. Aufl. Wiesbaden: Springer Vieweg, 2013, S. 1133–1219

Bra13c BRAESS, Hans-Hermann; ZINKE, Ekhard; NETTLAU, Hans-Jürgen; FRITZSCHE, Egbert; SEIFFERT, Ulrich: Anforderungen, Zielkonflikte. In: BRAESS, Hans-Hermann; SEIFFERT, Ulrich (Hrsg.): *Vieweg Handbuch Kraftfahrzeugtechnik.* 7. Aufl. Wiesbaden: Springer Vieweg, 2013, S. 11–46

Bro13 BROLL, Wolfgang: Augmentierte Realität. In: DÖRNER, Ralf; BROLL, Wolfgang; GRIMM, Paul; JUNG, Bernhard (Hrsg.): *Virtual und Augmented Reality (VR / AR): Grundlagen und Methoden der Virtuellen und Augmentierten Realität.* Berlin: Springer Vieweg, 2013 (eXamen.press), S. 241–294

Brü15 BRÜDEK, Bernhard E.: *Design: Geschichte, Theorie und Praxis der Produktgestaltung.* 4. Aufl. Basel: Birkhäuser, 2015

Bur16 BURNAP, Alexander; HARTLEY, Jeffrey; PAN, Yanxin ; GONZALEZ, Richard ; PAPALAMBROS, Panos Y.: *Balancing design freedom and brand recognition in the evolution of automotive brand styling.* In: *Design Science* 2 (2016)

Cas09   CASPERS, Markus: *Linien der Vernunft - Kurven des Begehrens: Zur Dialektik funktionaler und symbolischer Gestaltung in Automobildesign.* Disseration. Saarbrücken : Südwestdeutscher Verlag für Hochschulschriften, 2009

Cha15   CHANDRA, Sushil: Evaluation of Clay Modeling and Surfacing Cycles from Designers Perspective. In: WEBER, Christian; HUSUNG, Stephan; CASCINI, Gaetano; CANTAMESSA, Marco; MARJANOVIĆ, D. (Hrsg.): *The 20th International Conference on Engineering Design (ICED15) : 27th-30th July 2015, Politecnico di Milano, Italy : proceedings of ICED15.* Glasgow, Scotland: Design Society, 2015 (Proceedings of the 20th International Conference on Engineering Design), S. 215–224

Cla92   CLARK, Kim B.; FUJIMOTO, Takahiro: *Automobilentwicklung mit System: Strategie, Organisation und Management in Europa, Japan und USA.* Frankfurt/Main u.a.: Campus, 1992

Dae09   DAECKE, Julia Christina: *Nutzung virtueller Welten zur Kundenintegration in die Neuproduktentwicklung: Eine explorative Untersuchung am Beispiel der Automobilindustrie.* 1. Aufl. Wiesbaden: Gabler Verlag, 2009

Dan02   DANKWORT, C. Werner; FAIßT, Karl-Gerhard: Engineering in Reverse in Aesthetic Design. In: MEERKAMM, H. (Hrsg.): *Design for X: Beitäge zum 13. Symposium "Design for X".* Erlangen-Nürnberg: Universität Erlangen-Nürnberg Konstruktionstechnik, 2002

Dan98   DANKWORT, C. Werner; PODEHL, Gerd: *FIORES - ein europäisches Projekt für neue Arbeitsweisen im Aesthetic Design.* URL https://kluedo.ub.uni-kl.de/frontdoor/index/index/docId/458 – Überprüfungsdatum 2016-03-18

Die09   DIEL, Holger: *Systemorientierte Visualisierung disziplinübergreifender Entwicklungsabhängigkeiten mechatronischer Automobilsysteme.* Dissertation. URL http://mediatum2.ub.tum.de/doc/673652/document.pdf – Überprüfungsdatum 2016-03-18

Die10   DIETRICH, Wilhelm; HIRZ, Mario ; ROSSBACHER, Patrick: Integration von geometrischen und funktionalen Aspekten in die parametrisch assoziative Modellgestaltung in der konzeptionellen Automobilentwicklung. In: *3. Grazer Symposium Virtuelles Fahrzeug (GSVF),* 2010, S. 1–12

Dör13   DÖRNER, Ralf (Hrsg.); BROLL, Wolfgang (Hrsg.); GRIMM, Paul (Hrsg.); JUNG, Bernhard (Hrsg.): *Virtual und Augmented Reality (VR / AR): Grundlagen und Methoden der Virtuellen und Augmentierten Realität.* Berlin: Springer Vieweg, 2013 (eXamen.press)

Dud17a   Dudenredaktion: *„Extrudieren".*   URL   http://www.duden.de/rechtschreibung/Graph_Darstellung_Mathematik – Überprüfungsdatum 2017-07-25

Dud17b   Dudenredaktion: *„Graph".*   URL   http://www.duden.de/rechtschreibung/extrudieren – Überprüfungsdatum 2017-07-25

Ede12   EDER, Wolfgang Ernst: *ENGINEERING DESIGN VS. ARTISTIC DESIGN – A DISCUSSION.* URL http://library.queensu.ca/ojs/index.php/PCEEA/article/download/4641/4623.AFQjCNEHjAgfueVtNDNc6iMqSFy3SIUBaw&sig2=QZOb91cI1J-Nn3VOyLqd_g – Überprüfungsdatum 2016-03-16

Ehr09   EHRLENSPIEL, Klaus: *Integrierte Produktentwicklung: Denkabläufe, Methodeneinsatz, Zusammenarbeit.* 4. aktualisierte Aufl. München [u.a.]: Hanser, 2009

Ehr14   EHRLENSPIEL, Klaus; KIEWERT, Alfons; LINDEMANN, Udo; MÖRTL, Markus: *Kostengünstig Entwickeln und Konstruieren.* Berlin, Heidelberg: Springer Berlin Heidelberg, 2014

Esc13   ESCH, Franz-Rudolf; HANISCH, Johannes: Automobile durch Automobildesign markenspezifisch gestalten. In: ESCH, Franz-Rudolf (Hrsg.): *Strategie und Technik des Automobilmarketings.* 1. Aufl. Wiesbaden: Springer Fachmedien Wiesbaden, 2013, S. 97–127

Fai07   FAIßT, Karl G.; DANKWORT, Chrsitian Werner: New Extended Concept for the usage of engineering objects and product Properties in the virtual product Generation Process. In: BOCQUET, J.-C. (Hrsg.): *DS 42.* Paris: Design Society, 2007, S. 689–690

Fai04   FAIßT, Karl-Gerhard; DANKWORT, C. Werner: AESTHETICS IN A FORMALISED REVERSE DESIGN PROCESS. In: MARJANOVIĆ, Dorian (Hrsg.): *Proceedings of DESIGN 2004, the eighth International Design Conference, Dubrovnik, Croatia.* Zagreb: Faculty of Mechanical Engineering & Naval Architecture, University of Zagreb, 2004

Fel15   FELDHUSEN, Jörg: *Konstruktionslehre II - V2: Produktarchitektur /*
             Produktstruktur. Aachen, RWTH Aachen. Skript zur Vorlesung.
             2015.   URL   http://ikt.rwth-aachen.de/Download/KL2/V02_-_
             Produktstruktur_Produktarchitektur.pdf – Überprüfungsdatum 2017-
             07-20

Fel13a   FELDHUSEN, Jörg; GROTE, Karl-Heinrich: Der Produktentstehungs-
             prozess (PEP). In: FELDHUSEN, Jörg; GROTE, Karl-Heinrich (Hrsg.):
             Pahl/Beitz Konstruktionslehre: Methoden und Anwendung erfolgrei-
             cher Produktentwicklung. 8. Aufl. Berlin, Heidelberg: Springer;
             Springer Berlin Heidelberg, 2013, S. 11–24

Fel13b   FELDHUSEN, Jörg; GROTE, Karl-Heinrich: Methodik des schrittweisen
             Gestaltens. In: FELDHUSEN, Jörg; GROTE, Karl-Heinrich (Hrsg.):
             Pahl/Beitz Konstruktionslehre: Methoden und Anwendung erfolgrei-
             cher Produktentwicklung. 8. Aufl. Berlin, Heidelberg: Springer;
             Springer Berlin Heidelberg, 2013, S. 479–491

Fel13c   FELDHUSEN, Jörg; GROTE, Karl-Heinrich; GÖPFERT, Jan; TRETOW,
             Gerhard: Technische Systeme. In: FELDHUSEN, Jörg; GROTE, Karl-
             Heinrich (Hrsg.): *Pahl/Beitz Konstruktionslehre: Methoden und An-*
             wendung erfolgreicher Produktentwicklung. 8. Aufl. Berlin, Heidel-
             berg: Springer; Springer Berlin Heidelberg, 2013, S. 237–279

Fel17a   FELDINGER, Ulrich; KLEEMANN, Sebastian; VIETOR, Thomas: Auto-
             motive styling: Supporting engineering-styling convergence through
             surface-centric knowledge based engineering, Bd. 4. In: MAIER, An-
             ja; ŠKEC, Stanko; KIM, Harrison; KOKKOLARAS, Michael; OEHMEN,
             Josef; FADEL, Georges; SALUSTRI, Filippo; VAN DER LOOS, Mike
             (Hrsg.): *Proceedings of the 21st International Conference on Engi-*
             neering Design (ICED 17). Glasgow, Scotland: The Design Society,
             2017, S. 139–148

Fel17b   FELDINGER, Ulrich; VIETOR, Thomas: Augmented-Reality-basierte
             Anforderungsvisualisierung zur Unterstützung der Formfindung bei
             der Nutzung physischer Designmodelle. In: BRÖKEL, Klaus; GROTE,
             Karl-Heinrich; STELZER, Ralph; RIEG, Frank; FELDHUSEN, Jörg;
             MÜLLER, Norbert; KÖHLER, Peter; Peter Köhler (Hrsg.): *15. Gemein-*
             sames Kolloquium Konstruktionstechnik - Interdisziplinäre Produkt-
             entwicklung. Essen: Universität Duisburg-Essen; DuEPublico: Duis-
             burg-Essen Publications Online, University of Duisburg-Essen,
             Germany, 2017, S. 245–254

Fra76   FRANKE, Hans-Joachim: *Untersuchungen zur Algorithmisierbarkeit des Konstruktionsprozesses.* Dissertation. Düsseldorf: VDI, 1976 (Konstruktionstechnik Maschinenelemente 47)

Fur14   FURIAN, Robert: *Wissensbasierte Softwareumgebung im Konstruktionsprozess.* Dissertation. Aachen: Shaker, 2014

Fut13   FUTSCHIK, Hans Dieter; ACHLEITNER, August; DÖLLNER, Gernot; BURGERS, Christiaan ; FRIEDRICH, Jürgen K.-H. ; MOHRDIECK, Christian H. ; SCHULZE, Herbert ; WÖHR, Martin ; ANTONY, Peter ; URSTÖGER, Manuel ; NOREIKAT, Karl E. ; WAGNER, Markus ; BERGER, Edgar ; GRUBER, Manfred ; KIESGEN, Gerrit: Formen und neue Konzepte. In: BRAESS, Hans-Hermann; SEIFFERT, Ulrich (Hrsg.): *Vieweg Handbuch Kraftfahrzeugtechnik.* 7. Aufl. Wiesbaden: Springer Vieweg, 2013, S. 119–219

Gat14   GATZKY, Thomas: Wahrnehmungsgerechtheit als Gestaltungsaufgabe im Produktdesign. In: KRZYWINSKY, Jens; LINKE, Mario; WÖLFEL, Christian; KRANKE, Günter (Hrsg.): *Entwickeln – Entwerfen – Erleben 2014: Beiträge zum Technischen Design.* Dresden: TUDpress, 2014 (Reihe Technisches Design, 9), S. 351–374

Ges01   GESSNER, Karsten: *Package-Features für die Kommunikation in den frühen Phasen der Automobilentwicklung.* Dissertation. Berlin: Fraunhofer IPK/IRB, 2001

Gla14   GLATZEL, Gerhard: Iteratives Design in der Produktentstehung. In: KRZYWINSKY, Jens; LINKE, Mario; WÖLFEL, Christian; KRANKE, Günter (Hrsg.): *Entwickeln – Entwerfen – Erleben 2014: Beiträge zum Technischen Design.* Dresden: TUDpress, 2014 (Reihe Technisches Design, 9), S. 291–301

Goo09   GOOS, Jürgen; ZANG, Rupert: *Lösungen für eine neuartige Integration von Produktdesign in den Produktentwicklungsprozess für die Investitionsgüterbranche.* URL http://stiftung-industrieforschung.de/ images/stories/dokumente/forschung/ind_design/indudesign.pdf – Überprüfungsdatum 2016-05-06

Göt07   GÖTZ, Annika: Dependency of the Product Gestalt on Requirements in Industrial Design Engineering. In: KRAUSE, Frank-Lothar (Hrsg.): *The Future of Product Development: Proceedings of the 17th CIRP Design Conference.* Berlin: Springer Berlin Heidelberg, 2007, S. 225–234

Göt08   GÖTZ, Annika: *Ein Adaptiver Konstruktionsprozess für Ingenieure und Designer.* Dissertation. 1. Aufl. Stuttgart: Universität Stuttgart Institut für Konstruktionstechnik und Technisches Design, 2008 (Berichte des Instituts für Konstruktionstechnik und Technisches Design)

Gra06   GRABNER, Jörg; NOTHAFT, Richard: *Konstruieren von PKW-Karosserien: Grundlagen, Elemente und Baugruppen, Vorschriftsübersicht, Beispiele mit Catia V4 und V5.* 3. Aufl. Berlin Heidelberg: Springer, 2006

Gud11   GUDEN, Martin; BOKS, Casper; WELO, Torgeir: Understanding the worlds of design and engineering - An appraisal of models. In: CULLEY, S.J.; HICKS, B.J.; MCALOONE, T.C.; HOWARD, T.J.; REICH, Y. (Hrsg.): *Design theory and research methodology.* København: Design Society, 2011 (Proceedings / the 18th International Conference on Engineering Design, 15-18 August 2011, Technical University of Denmark, 2), S. 13–22

Hac02a   HACKER, Winfried: Konstruktives Entwickeln: Psychologische Grundlagen. In: HACKER, Winfried (Hrsg.): *Denken in der Produktentwicklung: Psychologische Unterstützung der frühen Phasen:* Rainer Hampp Verlag, 2002

Hac03   HACKER, Winfried: Design Problem Solving und psychologische Unterstützungsmöglichkeiten. In: ÖHLMANN, Gerhard; DAVID, Heinz; EMONS, Hans (Hrsg.): *Katalyse und Automobil - Wege zur Nachhaltigkeit der Mobilität.* 1. Aufl. Berlin: Trafo-Verlag, 2003 (Sitzungsberichte der Leibniz-Sozietät e.V, 57), S. 115–122

Hac05   HACKER, Winfried: Aufgabendienlichkeit von Produkten zwsichen Konstruktion und Design. In: REESE, Jens; LINDEMANN, Udo; SEEGER, Hartmut; THALLEMER, Axel; WETCKE, Hans Hermann (Hrsg.): *Der Ingenieur und seine Designer: Entwurf technischer Produkte im Spannungsfeld zwischen Konstruktion und Design.* Berlin Heidelberg: Springer Berlin Heidelberg, 2005, S. 289–295

Hac02b   HACKER, Winfried; LINDEMANN, Udo: *Virtual Reality Darstellungen - Hilfe für das entwicklungsdenken.* In: *Konstruktion* (2002), Nr. 5, S. 58–64

Ham13   HAMMAD, Farouk Mohamed Kamel: *Dimensionen der Gestaltwerdung: Ein Beitrag zur Systematik der Produktentwicklung.* Dissertation: Dr. Hut, 2013 (84)

Har14   HARRICH, Alexander: *CAD-basierte Methoden zur Unterstützung der Karosseriekonstruktion in der Konzeptphase.* Dissertation. Graz: Verlag der Technischen Universität Graz, 2014 (Monographic Series TU Graz)

Hir13a   HIRZ, Mario; DIETRICH, Wilhelm; GFRERRER, Anton; LANG, Johann: *Intergrated Computer-Aided Design in Automotive Development: Development Processes, Geometric Fundamentals, Methods of CAD, Knowledge-Based Engineering Data Management.* 1. Aufl. Berlin Heidelberg: Springer, 2013

Hir08   HIRZ, Mario; HIRSCHBERG, Wolfgang; DIETRICH, Wilhelm: *Integrated 3D-CAD Design Methods in Early Automotive Development Processes.* In: *FISITA 2008 - The Future of Automobiles and Mobility, At Munich, Germany* (2008). URL https://www.researchgate.net/publication/279059191_Integrated_3D-CAD_Design_Methods_in_Early_Automotive_Development_Processes – Überprüfungsdatum 2018-05-21

Hir12   HIRZ, Mario; PRENNER, Martin; STADLER, Severin: Integration of aerodynamic simulation and design in conceptual automotive development. In: HANSEN, P.A.; RAMUSSEN, J.; JØRGENSEN, K.A.; TOLLESTRUP, C. (Hrsg.): *DS 71: Proceedings of NordDesign 2012, the 9th NordDesign conference,* 2012 (NordDESIGN).

Hir13b   HIRZ, Mario; STADLER, Severin; PRENNER, Martin; MAYR, Johannes: Aerodynamic Investigations in Conceptual Vehicle Development Supported by Integrated Design and Simulation Methods, Bd. 195. In: *Proceedings of the FISITA 2012 World Automotive Congress: Volume 7: Vehicle Design and Testing (I).* Berlin, Heidelberg: Imprint Springer, 2013 (Lecture Notes in Electrical Engineering, 195), S. 787–799

Hor12   HORVÁTH, Péter: *Controlling.* 12th ed. München: Franz Vahlen, 2012 (Vahlens Handbücher der Wirtschafts- und Sozialwissenschaften)

Isr11   ISRAEL, Johann Habakuk: *Hybride Interaktionstechniken des immersiven Skizzierens in frühen Phasen der Produktentwicklung.* Dissertation. Berlin: Fraunhofer Verlag, 2011 (Berichte aus dem Produktionstechnischen Zentrum Berlin)

Joh05   JOHNSON, Chris; MOORHEAD, Robert; MUNZNER, Tamara; PFISTER,
         Hanspeter; RHEINGANS, Penny; YOO, Terry S.: *NIH-NSF Visualiza-*
         tion Research Challenges Report. URL http://nrs.harvard.edu/urn-
         3:HUL.InstRepos:4138744 – Überprüfungsdatum 2017-05-12

Kal15   KALKER, Thomas: *Tonmodellierung — von der Skizze zum Modell.*
         In: *ATZ - Automobiltechnische Zeitschrift* 117 (2015), Nr. 9, S. 70–
         73

Kle13   KLEIN, Harald: Logistikkostenrisiken bei Fahrzeugneuprojekten der
         Volkswagen AG. In: GÖPFERT, Ingrid; BRAUN, David; SCHULZ,
         Matthias (Hrsg.): *Automobillogistik.* Wiesbaden: Springer Fach-
         medien Wiesbaden, 2013, S. 159–177

Klö04   KLÖCKER, Ingo: Industrial Design und Konstruktion - Zwei Seiten
         einer Medallie. In: PINI, P; GERMER, C (Hrsg.): *Konstruktionsmetho-*
         dik in der Praxis - Einsatzmöglichkeiten und Grenzen: Kolloqium an-
         lässlich des 60. Geburtstags von Prof. Dr.-Ing. Hans-Joachim Fran-
         ke: Technische   Universität   Braunschweig   Instiut   für
         Konstruktionstechnik, 2004, S. 160–172

Kob12   KOBOUROV, Stephen: *Spring Embedders and Force Directed Graph*
         Drawing Algorithms. URL https://arxiv.org/abs/1201.3011 – Über-
         prüfungsdatum 2017-07-25

Koh03   KOHLER, Thomas: *Wirkungen des Produktdesigns.* Disseration: Deut-
         scher Universitäts-Verlag, 2003

Kor97   KORTE, Sabine; MENGEL, Stefan: *Statusbericht Design und Innovati-*
         on. URL http://www.vditz.de/publikation/statusbericht-design-und-
         innovation/ – Überprüfungsdatum 2016-05-06

Kra09   KRANKE, Günter: Anforderungen des Technischen Designs an die
         Modellierung und Simulation in der virtuellen Produktentwicklung.
         In: BRÖKEL, Klaus; FELDHUSEN, Jörg; GROTE, Karl-Heinrich; RIEG,
         Frank; STELZER, Ralph (Hrsg.): *Vernetzte Produktentwicklung: Me-*
         thoden und Werkzeugkopplung; Tagungsband; 7. Gemeinsames Kol-
         loquium Konstruktionstechnik 2009 am 8. und 9.10.2009 in Bay-
         reuth; [KT2009]. Bayreuth, 2009, S. 226–232

Kra16   KRASTEVA, Petia; INKERMANN, David; VIETOR, Thomas: Ansatz zur Formalisierung der Design-DNA am Beispiel der Fahrzeugaußengestalt. In: KRAUSE, Dieter; PAETZOLD, Kristin; WARTZACK, Sandro (Hrsg.): *Design for X: Beiträge zum 27. DfX-Symposium Oktober 2016.* Hamburg, Hamburg: TuTech Verlag, TuTech Innovation GmbH, 2016, S. 269–282

Kra07   KRAUS, Wolfgang: Grundsätzliche Aspekte des Automkobildesign. In: BRAESS, Hans-Hermann; SEIFFERT, Ulrich (Hrsg.): *Automobildesign und Technik: Formgebung, Funktionalität, Technik.* 1. Aufl. Wiesbaden: Friedr. Vieweg & Sohn Verlag, 2007, S. 30–65

Kuc12   KUCHENBUCH, Kai: *Methodik zur Identifikation und zum Entwurf packageoptimierter Elektrofahrzeuge.* Dissertation. Berlin: Logos Verlag, 2012 (Autouni - Schriftenreihe 25)

Küd07   KÜDERLI, Fritz: Computer Aided Styling und die virtuelle Realität im Außen- und Innendesign. In: BRAESS, Hans-Hermann; SEIFFERT, Ulrich (Hrsg.): *Automobildesign und Technik: Formgebung, Funktionalität, Technik.* 1. Aufl. Wiesbaden: Friedr. Vieweg & Sohn Verlag, 2007, S. 302–314

Kur07   KURZ, Melanie: *Die Modellmethodik im Formfindungsprozess am Beispiel des Automobildesigns: Analyse der Wechselwirkungen zwischen Entwurfs- und Darstellungsmethoden im Hinblick auf die systematische Entwicklung und Bewertbarkeit der dreidimensionalen Form artefaktischer Gegenstände im Entstehungsprozess.* Dissertation. Baden-Baden: Deutscher Wissenschaftsverlag, 2007

LaR12   LA ROCCA, Gianfranco: *Knowledge based engineering: Between AI and CAD. Review of a language based technology to support engineering design.* In: *Advanced Engineering Informatics* 26 (2012), Nr. 2, S. 159–179

Len16   LENDER, Kurt: Feasibility Design -"Designqualität in Serie bringen". In: KRZYWINSKY, Jens; LINKE, Mario; WÖLFEL, Christian (Hrsg.): *Entwickeln – Entwerfen – Erleben 2016: Beiträge zum Industrial Design.* Dresden: TUDpress, 2016 (Reihe Technisches Design, 10), S. 139–152

Loe92   LOEWY, Raymond: *Häßlichkeit verkauft sich schlecht. Die Erlebnisse des erfolgreichsten Formgestalters unserer Zeit.* Düsseldorf: ECON-Verl., 1992 (Econ Classics)

Luc14   LUCARELLI, Martin; LIENKAMP, Markus ; MATT, Dominik ; SPENA, Pasquale Russo: *Automotive Design Quantification: Parameters Defining Exterior Proportions According to Car Segment.* URL http://papers.sae.org/2014-01-0357/ – Überprüfungsdatum 2016-05-06

Mac14   MACEY, Stuart; WARDLE, Geoff: *H-Point - Fundamentals of Car Design & Packaging.* 2. Aufl. Culver City: Design Studio Press, 2014

Mac86   MACKINLAY, Jock: *Automating the design of graphical presentations of relational information.* In: *ACM Transactions on Graphics* 5 (1986), Nr. 2, S. 110–141

Mar08   MARTENS, Bernd: Fahrzeuganlaufmanagement bei Volkswagen am Beispiel des VW Tiguan. In: SCHUH, Günther; STÖLZLE, Wolfgang; STRAUBE, Frank (Hrsg.): *Anlaufmanagement in der Automobilindustrie erfolgreich umsetzen.* Berlin, Heidelberg: Springer Berlin Heidelberg, 2008 (VDI-Buch), S. 107–119

Max02   MAXFIELD, John; DEW, Peter; ZHAO, Jeff: *A Virtual Environment for Aesthetic Quality Assessment of Flexible Assemblies in the Automotive Design Process.* URL https://saemobilus.sae.org/content/2002-01-0464 – Überprüfungsdatum 2018-03-05

May07   MAYER-BACHMANN, Roland: *Integratives Anforderungsmanagement: Konzept und Anforderungsmodell am Beispiel der Fahrzeugentwicklung.* URL https://publikationen.bibliothek.kit.edu/1000007302. – Aktualisierungsdatum: 2007 – Überprüfungsdatum 2017-07-10

May12   MAYR, Johannes; HIRZ, Mario; ROSSBACHER, Patrick: Ein integrierter Ansatz zur ganzheitlichen Systembetrachtung am Beispiel der konzeptionellen Karosserieentwicklung. In: TECKLENBURG, Gerhard (Hrsg.): *Tagungsbuch Karosseriebautage Hamburg 2012.* Wiesbaden: Vieweg, 2012

Mei16   MEINERT, Kurt; SCHREIBER, Carolin: Herausforderungen für das Design: Chancen für eine völlig neue Gestaltung der urbanen Mobilität durch den Wandel zum elektrischen Individualverkehr. In: PROFF, Heike; BRAND, Matthias; MEHNERT, Kurt; SCHMIDT, Alexander; SCHRAMM, Dieter (Hrsg.): *Elektrofahrzeuge für die Städte von morgen: Interdisziplinärer Entwurf und Test im DesignStudio NRW.* Wiesbaden: Springer Gabler, 2016, S. 69–71

Mis92   MISCHOK, Peter; ALBER, Stephan; ROBB, Dave: *Anwendung neuer CA-Techniken im Automobildesign der BMW AG*. In: *VDI-Berichte - Datenverarbeitung in der Konstruktion '92 - CAD im Fahrzeugbau* (1992), Nr. 993,2, S. 141–157

Möl08   MÖLLER, Klaus; STIRZEL, Martin: Kostenmanagement im Anlauf – Aufgaben und Instrumente. In: SCHUH, Günther; STÖLZLE, Wolfgang; STRAUBE, Frank (Hrsg.): *Anlaufmanagement in der Automobilindustrie erfolgreich umsetzen*. Berlin, Heidelberg: Springer Berlin Heidelberg, 2008 (VDI-Buch), S. 243–262

Mun16   MUNDE, Annedore: *Virtuell Entwickeln*. In: *Automobilindustrie* 61 (2016), Nr. 3, S. 80–81

Nat16   NATIONAL HIGHWAY TRAFFIC SAFETY ADMINISTRATION: *FEDERAL MOTOR VEHICLE SAFETY STANDARDS* (2016), S. 571

Neh14   NEHUIS, Frank: *Methodische Unterstützung bei der Ermittlung von Anforderungen in der Produktentwicklung*. 1. Aufl. München: Verl. Dr. Hut, 2014 (Bericht / Institut für Konstruktionstechnik, Technische Universität Braunschweig 86)

Pei16   PEINANDO FRANCO, Alex: *Disseny d'un motlle d'injecció de plàstic per automoció : Übersetzt aus dem Katalanischen*. Barcelona, Universitat Politècnica de Catalunya. Masterarbeit. 2016. URL http://hdl.handle.net/2117/98978 – Überprüfungsdatum 2017-10-31

Pet04   PETERS, Sascha: *Modell zur Beschreibung der kreativen Prozesse im Design unter Berücksichtigung der ingenieurtechnischen Semantik: Ein Beitrag zur Förderung der interdisziplinären Kooperation zwischen Designern und Ingenieuren*. Duisburg, Duisburg-Essen. Dissertation. 2004. URL http://d-nb.info/972416463/34

Pet98   PETERS, Wolfgang: *Zur Theorie der Modellierung von Natur und Umwelt*. Dissertation. URL http://dx.doi.org/10.14279/depositonce-114 – Überprüfungsdatum 2018-06-22

Pit83   PITTIONI, Veith: Modelle und Mathematik. In: STACHOWIAK, Herbert (Hrsg.): *Modelle: Konstruktion der wirklichkeit*. München: Wilhelm Fink, 1983 (Kritische Information, 101), S. 171–221

Poh09   POHL, Christian: *Mixed-Reality-Modelle im Industrial-Design-Prozess, Konzept zur Integration virtueller und realer Modelle für wahrnehmungsgerechte Präsentationen*. Dissertation. 1. Aufl. Aachen: Shaker, 2009

Poh08   POHL, Christian; HOFFMANN, Ralf: *Mixed-Reality-Modelle im Auto-*
         motive Design: Ein Beitrag zur Virtualisierung der Formfindung. In:
         Konstruktion 60 (2008), 12/12, S. 51–55

Pri11   PRINZ, Alexander: *Struktur und Ablaufmodell für das parametrische*
         Entwerfen von Fahrzeugkonzepten. Dissertation. Berlin: Logos Ver-
         lag, 2011 (Autouni-Schriftenreihe 17)

Raa13   RAABE, Roman: *Ein Rechnergestützes Werkzeug zur Generierung*
         konsistenter PKW-Maßkonzepte und parametrischer Designvorga-
         ben. Dissertation. Stuttgart: Inst. für Konstruktionstechnik und
         Techn. Design, 2013 (Bericht KTD, Institut fuer Konstruktionstech-
         nik und Technisches Design 614)

Rad09   RADKOWSKI, Rafael; LINNEMANN, Matthias: Applicability of Image-
         based Lighting for an Augmented Reality-based Design Review. In:
         BERGENDAHL, Norell; GRIMHEDEN, M.; LEIFER, L.; SKOGSTAD, P.;
         LINDEMANN, Udo (Hrsg.): *Proceedings of ICED'09.* Glasgow: De-
         sign Society, 2009, S. 253–264

Ree05a   REESE, Jens: Car Design - ein Design aus dem goldenen Käfig her-
         aus? In: REESE, Jens; LINDEMANN, Udo; SEEGER, Hartmut; THALLE-
         MER, Axel; WETCKE, Hans Hermann (Hrsg.): *Der Ingenieur und sei-*
         ne Designer: Entwurf technischer Produkte im Spannungsfeld
         zwischen Konstruktion und Design. Berlin Heidelberg: Springer Ber-
         lin Heidelberg, 2005, S. 187–197

Ree05b   REESE, Jens: Der Begriff "Design" - Anwendung und Umsetzung:
         Design? In: REESE, Jens; LINDEMANN, Udo; SEEGER, Hartmut;
         THALLEMER, Axel; WETCKE, Hans Hermann (Hrsg.): *Der Ingenieur*
         und seine Designer: Entwurf technischer Produkte im Spannungsfeld
         zwischen Konstruktion und Design. Berlin Heidelberg: Springer Ber-
         lin Heidelberg, 2005, S. 7–22

Ree05c   REESE, Jens: Gestaltung - Ein Grundbedürfnis. In: REESE, Jens; LIN-
         DEMANN, Udo; SEEGER, Hartmut; THALLEMER, Axel; WETCKE, Hans
         Hermann (Hrsg.): *Der Ingenieur und seine Designer: Entwurf techni-*
         scher Produkte im Spannungsfeld zwischen Konstruktion und Design.
         Berlin Heidelberg: Springer Berlin Heidelberg, 2005, S. 37–58

Rei77   REITHER, Franz: Über das Denken in Analogien und Modellen. In:
         SCHAEFER, Gerhard (Hrsg.): *Denken in Modellen.* 1. Aufl. Braun-
         schweig: Westermann, 1977 (Leitthemen, 77:2).

Rep13   REPMANN, Carsten; EILEMANN, Andreas; PANTOW, Eberhardt;
         WAWZYNIAK, Markus; AYOUBI, Mihiar; SEIFFERT, Ulrich: Fahrzeug-
         physik. In: BRAESS, Hans-Hermann; SEIFFERT, Ulrich (Hrsg.): *Vie-
         weg Handbuch Kraftfahrzeugtechnik.* 7. Aufl. Wiesbaden: Springer
         Vieweg, 2013, S. 47–118

Röm02   RÖMER, Anne; PACHE, Martin: Skizzieren und Modellieren in der
         Produktentwicklung - Hilfsmittel des Praktikers auch bei der CAD-
         Arbeit? In: HACKER, Winfried (Hrsg.): *Denken in der Produktent-
         wicklung: Psychologische Unterstützung der frühen Phasen:* Rainer
         Hampp Verlag, 2002

Ros09   ROSSBACHER, Patrick; HIRZ, Mario; HARRICH, Alexander; DIETRICH,
         Wilhelm; THEISS, Norbert: *The Potential of 3D-CAD Based Process –
         Optimization in the Automotive Concept Phase.* In: *SAE International
         Journal of Materials and Manufacturing* 2 (2009), Nr. 1, S. 250–257

Rot05   ROTT, Alfred: Designer und Konstrukteur. In: REESE, Jens; LINDE-
         MANN, Udo; SEEGER, Hartmut; THALLEMER, Axel; WETCKE, Hans
         Hermann (Hrsg.): *Der Ingenieur und seine Designer: Entwurf techni-
         scher Produkte im Spannungsfeld zwischen Konstruktion und Design.*
         Berlin Heidelberg: Springer Berlin Heidelberg, 2005, S. 262–264

Roy07   ROY, R.; BAGUELEY, L.; REEVE, L.: Understanding the Link between
         Aesthetics and Engineering in Product Design. In: KRAUSE, Frank-
         Lothar (Hrsg.): *The Future of Product Development: Proceedings of
         the 17th CIRP Design Conference.* Berlin: Springer Berlin Heidel-
         berg, 2007, S. 155–164

Rud15   RUDERT, Steffen; TRUMPFHELLER, Jens: *Vollumfänglich durchdacht:
         Der Produktentstehungsprozess.* In: *Porsche Engineering Magazin*
         (2015), Nr. 1, S. 10–13. URL https://www.porscheengineering.com/
         filestore/download/peg/de/magazine-2015-01/default/0a43db4c-2ecf-
         11e5-8c35-0019999cd470/Download-Magazin.pdf – Überprüfungs-
         datum 2017-11-01

RWT14   RWTH AACHEN IKA: *Modellierung der zukünftigen elektromobilen
         Wertschöpfungskette und Ableitung von Handlungsempfehlungen zur
         Stärkung des Elektromobilitätsstandortes NRW.* 2014 (EM1006 - eV-
         chain.NRW)

Sar09   SAREH, Pooya; ROWSON, Jennifer: Aesthetic-Aerodynamic Design Optimization of a Car Grille Profile While Preserving Brand Identity. In: BERGENDAHL, Norell; GRIMHEDEN, M.; LEIFER, L.; SKOGSTAD, P.; LINDEMANN, Udo (Hrsg.): *Proceedings of ICED'09*. Glasgow: Design Society, 2009, S. 13–24

Sch07   SCHADE, Susanne: *Auswirkungen globaler Wertschöpfung auf deutsches Industrie- und Produktdesign unter besonderer Betrachtung der Schnittstelle Design und Konstruktion-Entwicklung*. Duisburg, Universität Duisburg-Essen. Dissertation. 2007

Sch08a   SCHILLING, Thomas: *Augmented Reality in der Produktentstehung*. Dissertation. Ilmenau: ISLE, 2008

Sch08b   SCHNEIDER, Markus: Taktische Logistikplanung vor Start-of-Production (SOP) – Aufgabenumfang und softwarebasierte Unterstützung im Rahmen der Virtuellen Logistik bei der AUDI AG. In: SCHUH, Günther; STÖLZLE, Wolfgang; STRAUBE, Frank (Hrsg.): *Anlaufmanagement in der Automobilindustrie erfolgreich umsetzen*. Berlin, Heidelberg: Springer Berlin Heidelberg, 2008 (VDI-Buch), S. 161–173

Sch15   SCHUHMACHER, Walter: *Erweiterte Methoden der Regelungstechnik: Skript zur Vorlesung*. Braunschweig, 2015

Sch14   SCHULTE, Peter: *Archetypische Konsumenten: Entwicklung, Anwendung und Evaluation einer die Schnittstelle zwischen Marketing und Design optimierenden Segmentierungsmethode am Beispiel des deutschen Automobilmarkts*. Dissertation. URL http://d-nb.info/1060979047/34 – Überprüfungsdatum 2016-05-08

Sch04   SCHUMANN, Heidrun; MÜLLER, Wolfgang: *Informationsvisualisierung: Methoden und Perspektiven (Information Visualization: Techniques and Perspectives)*. In: *it - Information Technology* 46 (2004), Nr. 3

See05   SEEGER, Hartmut: *Design technischer Produkte, Produktprogramme und -systeme: Industrial Design Engineering*. 2. Aufl. Berlin, Heidelberg: Springer-Verlag Berlin Heidelberg, 2005

Sen02   SENER, Bahar; WORMALD, Paul; CAMPBELL, Ian: Towards 'Virtual Clay' Modelling - Challenges and Recommendations: A Brief Summary of the Literature. In: MARJANOVIĆ, Dorian (Hrsg.): *Design 2002: Proceedings of the 7th International Design Conference, May 14 - 17, 2002, Cavtat - Dubrovnik - Croatia.* Zagreb: Faculty of Mechanical Engineering and Naval Architecture [u.a.], 2002, S. 545–550

Spä12   SPÄTH, Rainer; HESSE, Miriam; KOHN, Andreas: Möglichkeiten der Informationsvisualisierung in der Montageabsicherung. In: KRAUSE, Dieter; PAETZOLD, Kristin; WARTZACK, Sandro (Hrsg.): *DFX 2012: Proceedings of the 23rd Symposium Design For X,* 2012 (DfX), S. 301–312

Sta73   STACHOWIAK, Herbert: *Allgemeine Modelltheorie.* Wien: Springer, 1973

Sta16   STADLER, Severin; HIRZ, Mario: *A knowledge-based framework for integration of computer aided styling and computer aided engineering.* In: *Computer-Aided Design and Applications* 13 (2016), Nr. 4, S. 558–569

Sta13   STADLER, Severin; HIRZ, Mario; THUM, Katharina; ROSSBACHER, Patrick: *Conceptual Full-Vehicle Development supported by Integrated Computer-Aided Design Methods.* In: *Computer-Aided Design and Applications* 10 (2013), Nr. 1, S. 159–172

Sta11   STARK, R.; HAYKA, H.; ISRAEL, J. H.; KIM, M.; MÜLLER, P.; VÖLLINGER, U.: *Virtuelle Produktentstehung in der Automobilindustrie.* In: *Informatik-Spektrum* 34 (2011), Nr. 1, S. 20–28

Sta10   STARK, Rainer; ISRAEL, Johann; WÖHLER, Thomas: *Towards hybrid modelling environments - Merging desktop-CAD and virtual reality-technologies.* In: *Cirp Annals - Manufacturing Technology* 59 (2010), Nr. 1, S. 179–182. URL http://www.sciencedirect.com/science/article/pii/S0007850610001034

Ste10   STECHERT, Carsten: *Modellierung komplexer Anforderungen.* 1. Aufl. München: Verl. Dr. Hut, 2010 (Bericht / Institut für Konstruktionstechnik, Technische Universität Braunschweig 75)

Ste77   STEINBUCH, Karl: Denken in Modellen. In: SCHAEFER, Gerhard (Hrsg.): *Denken in Modellen.* 1. Aufl. Braunschweig: Westermann, 1977 (Leitthemen, 77:2), S. 10–17

Ste17   STEINER, René: Datenbankentwicklung. In: STEINER, René (Hrsg.):
         Grundkurs Relationale Datenbanken. Wiesbaden: Springer Fachme-
         dien Wiesbaden, 2017, S. 89–134

Stj14   STJEPANDIĆ, Josip; RULLHOFF, Stefan; VERHAGEN, Wim; LIESE,
         Harald; BERMELL-GARCIA, Pablo: Design process acceleration by
         knowledge-based engineering in automotive and aerospace industry.
         In: MARJANOVIĆ, Dorian; ŠTORGA, Mario; BOJČETIĆ, Nenad (Hrsg.):
         *DS 77: Proceedings of the DESIGN 2014 13th International Design
         Conference.* Zagreb: Faculty of Mechanical Engineering & Naval
         Architecture, University of Zagreb, 2014, S. 1915–1924

Stj15   STJEPANDIĆ, Josip; VERHAGEN, Wim J. C.; LIESE, Harald; BERMELL-
         GARCIA, Pablo: Knowledge-Based Engineering. In: STJEPANDIĆ, Jo-
         sip; WOGNUM, Nel; J.C. VERHAGEN, Wim (Hrsg.): *Concurrent Engi-
         neering in the 21st Century.* Cham: Springer International Publishing,
         2015, S. 255–286

Str16   STRUCKMANN, Werner; WÄTJEN, Dietmar: Graphentheorie. In:
         STRUCKMANN, Werner; WÄTJEN, Dietmar (Hrsg.): *Mathematik für
         Informatiker.*
         Berlin, Heidelberg: Springer Berlin Heidelberg, 2016, S. 157–215

Sul96   SULLIVAN, Louis: *The tall office building artistically considered.* In:
         Lippincott's Magazine (1896), S. 403–409

Tch05   TCHEBETCHOU, Alain Roger: *Methoden für das Industriedesign in
         Virtueller Realität.* Dissertation. URL https://depositonce.tu-
         berlin.de/handle/11303/1510 – Überprüfungsdatum 2016-05-08

Tec16   TechniaTranscat: *CAVA - CATIA Automotive Extensions Vehicle
         Architecture.* URL https://www.transcat-plm.com/software/
         techniatranscat-software/cava.html – Überprüfungsdatum 2016-10-24

Tie03   TIETZE, Oliver: *Strategische Positionierung in der Automobilbran-
         che: Der Einsatz von virtueller Produktentwicklung und Wertschöp-
         fungsnetzwerken.* Wiesbaden: Deutscher Universitätsverlag, 2003

Tod13   TODA, Azusa; TANAKA, Kazuki; KIMURA, Asako; SHIBATA, Fumi-
         hisa; TAMURA, Hideyuki: Development of Knife-Shaped Interaction
         Device Providing Virtual Tactile Sensation: Virtual Augmented and
         Mixed Reality. Designing and Developing Augmented and Virtual
         Environments: 5th International Conference, VAMR 2013, Held as
         Part of HCI International 2013, Las Vegas, NV, USA, July 21-26,
         2013, Proceedings, Part I. In: SHUMAKER, Randall (Hrsg.): *Virtual,*
         Augmented and Mixed Reality: Designing and Developing Augment-
         ed and Virtual Environments : 5th International Conference, VAMR
         2013, Held as Part of HCI International 2013, Las Vegas, NV, USA,
         July 21-26, 2013, Proceedings, Part I. 1. Aufl. Berlin Heidelberg:
         Springer, 2013, S. 221–230

Tri12   TRIEBEL, André: *Evaluation interaktiver Informationsvisualisierung:*
         Ist Visualisierung nützlich? Dissertation.
         URL http://d-nb.info/1023440709 – Überprüfungsdatum 2016-05-08

Tum14   TUMMINELLI, Paolo: Automobildesign - Entwicklung und Formen-
         sprache: Automotive Management: Strategie und Marketing in der
         Automobilwirtschaft. In: EBEL, Bernhard; HOFER, B. Markus (Hrsg.):
         Automotive Management: Strategie und Marketing in der Automo-
         bilwirtschaft.
         Berlin, Heidelberg: Springer Berlin Heidelberg, 2014, S. 301–317

Twe97   TWEEDIE, Lisa: Characterizing interactive externalizations. In: PEM-
         BERTON, Steven (Hrsg.): *Proceedings of the SIGCHI conference on*
         Human Factors in Computing Systems. New York, N.Y.: ACM,
         1997, S. 375–382

Vaj09   VAJNA, Sándor; BLEY, Helmut; HEHENBERGER, Peter; WEBER, Chris-
         tian ; ZEMAN, Klaus: *CAx für Ingenieure : Eine praxisbezogene Ein-*
         führung. 2. Aufl. Berlin, Heidelberg: Springer Berlin Heidelberg,
         2009

Vaj14   VAJNA, Sándor; BURCHARDT, Carsten: Modelle und Vorgehenswei-
         sen der Integrierten Produktentwicklung. In: VAJNA, Sándor (Hrsg.):
         Integrated Design Engineering. Berlin, Heidelberg: Springer Berlin
         Heidelberg, 2014, S. 3–50

VDI15   VEREIN DEUTSCHER INGENIEURE: *VDI 5610 - Blatt 2: Wissensma-*
         nagement im Engineering Wissensbasierte Konstruktion (KBE), 2015

Vie13   VIETOR, Thomas; STECHERT, Carsten: Produktarten zur Rationalisierung des Entwicklungs- und Konstruktionsprozesses. In: FELDHUSEN, Jörg; GROTE, Karl-Heinrich (Hrsg.): *Pahl/Beitz Konstruktionslehre: Methoden und Anwendung erfolgreicher Produktentwicklung*. 8. Aufl. Berlin, Heidelberg: Springer, 2013, S. 817–871

Vir10   Virtual Dimension Center (VDC): *Augmented Reality: Technik, Systeme, Potenziale, Funktionen, Einsatzgebiete*. URL http://www.vdc-fellbach.de/files/Whitepaper/2010%20VDC-Whitepaper% 20Augmented%20Reality_v06.pdf – Überprüfungsdatum 2016-05-06

Vir13   Virtual Dimension Center (VDC): *Whitepaper Collaborative Virtual Engineering: Techniken, Prozesse, Nutzen*. URL http://www.vdc-fellbach.de/files/Whitepaper/2013%20VDC-Whitepaper% 20Collaborative%20Virtual%20Engineering.pdf – Überprüfungsdatum 2016-05-06

Voi14   VOIGT, Sebastian; GROßER, Martin; VOPEL, Marius; KUNZE, Günter: Prototypen mit einer Mixed-Reality-Brille erleben - Vom Entwurf zur Simulation und Visualisierung. In: STELZER, Ralph (Hrsg.): *Entwerfen, Entwickeln, Erleben 2014: Beiträge zur virtuellen Produktentwicklung und Konstruktionstechnik; Dresden, 26. - 27. Juni 2014*. Dresden: TUDpress, 2014, S. 225–237

Web11a   WEBER, C.: Design Theory and Methodology - Contributions to the Computer Support of Product Development/Design Processes. In: BIRKHOFER, Herbert (Hrsg.): *The Future of Design Methodology*. London: Springer London, 2011, S. 91–104

Web11b   WEBER, Christian; HUSUNG, Stephan: VIRTUALISATION OF PRODUCT DEVELOPMENT/ DESIGN – SEEN FROM DESIGN THEORY AND METHODOLOGY. In: CULLEY, S.J.; HICKS, B.J.; MCALOONE, T.C.; HOWARD, T.J.; REICH, Y. (Hrsg.): *Design theory and research methodology*. København: Design Society, 2011 (Proceedings / The 18th International Conference on Engineering Design, 15-18 August 2011, Technical University of Denmark, 2), S. 226–235

Wen10   WENDRICH, Robert E.: *Raw Shaping Form Finding: Tacit Tangible CAD*. In: *Computer-Aided Design and Applications* 7 (2010), Nr. 4, S. 505–531

Wie15a   WIESBROCK, Hans-Werner; SCHMIDT, Robert: *Standardisierte Prü-fungen von Anforderungen bei der Entwicklung von automobilen Steuergeräten.* In: *Softwaretechnik-Trends* 35 (2015), Nr. 1. URL http://pi.informatik.uni-siegen.de/stt/35_1/01_Fachgruppenberichte/ Requirements_Engineering/paper4-4.pdf

Wie15b   WIESNER, Stefan; PERUZZINI, Margherita; HAUGE, Jannicke Baalsrud ; THOBEN, Klaus-Dieter: Requirements Engineering. In: STJEPANDIĆ, Josip; WOGNUM, Nel; J.C. VERHAGEN, Wim (Hrsg.): *Concurrent Engineering in the 21st Century.* Cham: Springer International Publishing, 2015, S. 103–132

Wij05   WIJK, J. J.: The Value of Visualization. In: SILVA, Claudio T.; GROLLER, Eduard; RUSHMEIER, Holly E. (Hrsg.): *VIS 05. IEEE Visualization, 2005,* 2005, S. 79–86

Ye08   YE, Xiuzi; LIU, Hongzheng ; CHEN, Lei ; CHEN, Zhiyang ; PAN, Xiang ; ZHANG, Sanyuan: *Reverse innovative design - an integrated product design methodology.* In: *Computer-Aided Design* 40 (2008), Nr. 7, S. 812–827. URL http://www.sciencedirect.com/science/ article/pii/S0010448507001807

Zab99   ZABEL, Andreas; DEISINGER, Joachim; WELLER, Frank; HAMISCH, Thorsten: A multimodal design environment. In: GRAHAM, Horton (Hrsg.): *ESS99 conference proceedings.* Ghent, 1999, S. 318–323

Zam14   ZAMMIT, Raphael; MUNOZ, Juan Antonio Islas: *Has Digital Clay Finally Arrived?* In: *Computer-Aided Design and Applications* 11 (2014), sup1, S. S20-S26

Zav12   ZAVESKY, Martin: *Wahrnehmungsrealistische Projektion anthropomorpher Formen.* Dissertation. Dresden: Technische Universität Dresden, 2012

Anhang

© Springer Fachmedien Wiesbaden GmbH, ein Teil von Springer Nature 2018
U. Feldinger, *Hybride Modellnutzung in der automotiven Formfindung*,
AutoUni – Schriftenreihe 129, https://doi.org/10.1007/978-3-658-23452-2

A1   Ableitung von Leitgeometrieattributen

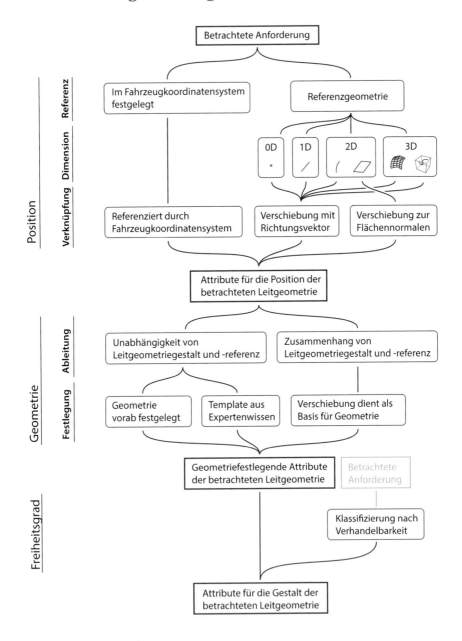

A2 AR-Ansatz bei einem Interieurmodell

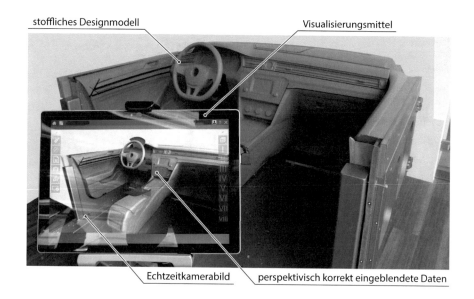

stoffliches Designmodell

Visualisierungsmittel

Echtzeitkamerabild

perspektivisch korrekt eingeblendete Daten

A3   Gliederung der Designstruktur

Gesamtheit	Teilbereich	Betrachtungsbereich
Exterieur	Front	Haube
		Frontscheibe
		Wasserkasten
		Kotflügel
		Wischer vo.
		Hauptscheinwerfer
		Kühlerschutzgitter
		Lüftungsgitter
		Stoßfängerabdeckung
		Nebelscheinwerfer
		sonst. Außenbeleuchtung
		Sensoren Front
		Emblem
	Seite	Seitenteil/Säulen
		Türen
		Aussenspiegel
		Räder
		Schweller
		Sensoren Seite
	Dach	Dachantenne
		Dachlastträger
		Sensoren Dach
	Heck	Heckklappe
		Heckscheibe
		Heckwischer
		Emblem
		Stoßfängerabdeckung
		SBBR
		sonst. Bleuchtung
		Diffusor
		Sensoren Heck
		Endrohre
Interieur	Instrumententafel	I-Tafel Fahrerseite
		I-Tafel Mitte
		I-Tafel Beifahrerseite
		Mittelkonsole
		Türverkleidungen
		Sitze
		Lenkrad/Lenkstock
		Säulenverkleidungen / Himmel
		Gepäckraum
		Boden / Fußraum
		Beleuchtung
		Rückspiegel

A4 Algorithmus zur Auswertung der Adjazenzmatrix

```
Sub csv_edge()

startzeile = 101
endzeile = 999
quell_tabellenblatt = "req_matrix"
ziel_tabellenblatt = "csv_edge"
ziel_zeile_start = 2
ziel_zeile_laufindex = 0
quell_spalte_typ = 25
quell_spalte_name_source = 26
quell_spalte_id_source = 24
quell_zeile_id_target = 70
quell_spalte_start_target = 100
ziel_spalte_source_id = 1
ziel_spalte_target_id = 2
ziel_spalte_weight = 3
ziel_spalte_directed = 4
ziel_spalte_kantentyp = 5
Dim directed As Boolean

For i = startzeile To endzeile

    'Abfrage ob Zelle in name source gefüllt ist
    If Worksheets(quell_tabellenblatt).Cells(i, quell_spalte_name_source).Value <> "" Then
        'Abfrage ob Verknüpfung zwischen source und allen anderen targets besteht
        For j = quell_spalte_start_target To i - 1
            'directed auf true setzen
            directed = True

            'Prüfen, ob Zelle gefüllt ist
            If Worksheets(quell_tabellenblatt).Cells(i, j).Value <> "" Then
                'kopieren der Daten geht hier los

                'source_ID
                Worksheets(ziel_tabellenblatt).Cells(ziel_zeile_start + ziel_zeile_laufindex, _
                ziel_spalte_source_id).Value = Worksheets(quell_tabellenblatt).Cells(i, _
                quell_spalte_id_source).Value

                'target_ID
                Worksheets(ziel_tabellenblatt).Cells(ziel_zeile_start + ziel_zeile_laufindex, _
                ziel_spalte_target_id).Value = Worksheets(quell_tabellenblatt).Cells(quell_zeile_id_ _
                target, j).Value

                'weight
                Worksheets(ziel_tabellenblatt).Cells(ziel_zeile_start + ziel_zeile_laufindex, _
                ziel_spalte_weight).Value = Worksheets(quell_tabellenblatt).Cells(i, j).Value
                'Kantentyp und directed undirected überprüfen
```

```
'Worksheets(ziel_tabellenblatt).Cells(ziel_zeile_start + ziel_zeile_laufindex, _
 ziel_spalte_kantentyp).Value = Worksheets(quell_tabellenblatt).Cells(i, _
 quell_spalte_typ).Value & " -> " & Worksheets(quell_tabellenblatt).Cells(j, _
 quell_spalte_typ).Value

 typ_source = Worksheets(quell_tabellenblatt).Cells(i, quell_spalte_typ).Value
 typ_target = Worksheets(quell_tabellenblatt).Cells(j, quell_spalte_typ).Value

 If typ_source = typ_target Then 'undirected, wenn verknüpfung auf gleicher ebene
     directed = False
 Else

     directed = True 'sonst directed

     If (typ_source = "B_E" Or typ_source = "B_I") And (typ_target = "B_E" Or typ_target _
     = "B_I") Then
         directed = False
     End If

 End If

 'directe_symbol definieren
 If directed Then
     directed_symbol = " --> "
 Else
     directed_symbol = " <--> "
 End If

 'directed schreiben
 If directed Then
     Worksheets(ziel_tabellenblatt).Cells(ziel_zeile_start + ziel_zeile_laufindex, _
     ziel_spalte_directed).Value = "Directed"
 Else
     Worksheets(ziel_tabellenblatt).Cells(ziel_zeile_start + ziel_zeile_laufindex, _
     ziel_spalte_directed).Value = "Undirected"
 End If

 'Kantentyp schreiben
 Worksheets(ziel_tabellenblatt).Cells(ziel_zeile_start + ziel_zeile_laufindex, _
 ziel_spalte_kantentyp).Value = Worksheets(quell_tabellenblatt).Cells(i, _
 quell_spalte_typ).Value & directed_symbol & Worksheets(quell_tabellenblatt). _
 Cells(j, quell_spalte_typ).Value

 'laufindex ziel_zeile erhöhen
 ziel_zeile_laufindex = ziel_zeile_laufindex + 1
            End If
        Next j
    End If
    Next i
End Sub
```

Printed in the United States
By Bookmasters